Notion 高效管理250招

筆記×資料庫×團隊協作
數位生活與工作最佳幫手

鄧文淵 總監製／文淵閣工作室 編著

關於文淵閣工作室

ABOUT

常常聽到很多讀者跟我們說：我就是看你們的書學會用電腦的。

是的！這就是寫書的出發點和原動力，想讓每個讀者都能看我們的書跟上軟體的腳步，讓軟體不只是軟體，而是提昇個人效率的工具。

文淵閣工作室創立於 1987 年，創會成員鄧文淵、李淑玲在學習電腦的過程中，就像每個剛開始接觸電腦的你一樣碰到了很多問題，因此決定整合自身的編輯、教學經驗及新生代的高手群，陸續推出「快快樂樂全系列」電腦叢書，冀望以輕鬆、深入淺出的筆觸、詳細的圖說，解決電腦學習者的徬徨無助，並搭配相關網站服務讀者。

隨著時代的進步與讀者的需求，文淵閣工作室除了原有的 Office、多媒體網頁設計系列，更將著作範圍延伸至各類程式設計、影像編修與創意書籍。如果你在閱讀本書時有任何的問題，歡迎光臨文淵閣工作室網站或者使用電子郵件與我們聯絡。

- 文淵閣工作室網站　http://www.e-happy.com.tw
- 服務電子信箱　e-happy@e-happy.com.tw
- Facebook 粉絲團　http://www.facebook.com/ehappytw

總 監 製：鄧文淵
監　　督：李淑玲
行銷企劃：鄧君如．黃信溢

企劃編輯：鄧君如
責任編輯：鄧君怡
執行編輯：黃郁菁．熊文誠

本書學習資源

RESOURCE

本書介紹與說明 Part 01~Part 08、Part 10 使用 Google Chrome 瀏覽器畫面，Part 09 為行動裝置 App 畫面。為了快速掌握 Notion 筆記工具，達到更好的學習成效，本書規劃了讀者專屬的學習地圖，讓你閱讀本書的同時，搭配相關資源，有效掌握學習重點，提升全方位應用。

✦學習地圖介紹

學習地圖頁面網址：https://bit.ly/e-happynotion 以電腦瀏覽器開啟即可進入。若使用行動裝置，可掃描右側 QR Code 進入頁面。

- **學習地圖使用方式**：可開啟教學影片 https://bit.ly/3oC0HBz，觀看本書學習資源使用方式。
- **免費範本資源**：提供多個文淵閣獨家免費範本，線上優質範本網站。
- **頁面設計優質圖示資源**：提供多個線上優質圖示素材網站，讓頁面圖示有更多選擇。
- **書附電子檔下載**：可由此下載本書 Part 10 PDF 電子檔內容。
- **各單元學習重點與範例**：各單元學習重點、主題範例的原始檔與 Notion 完成檔頁面。

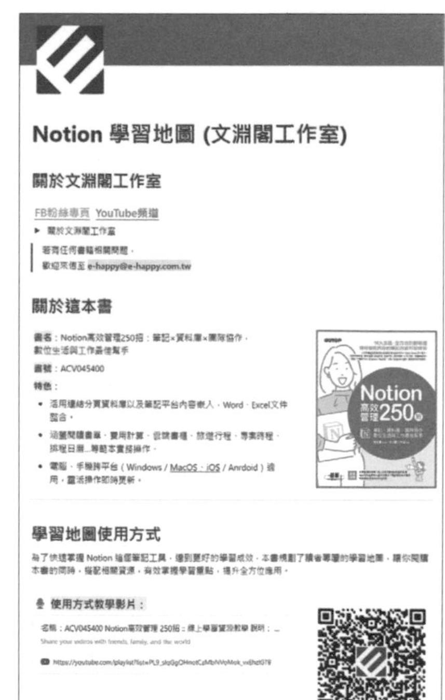

✦ 取得各單元範例檔案

於學習地圖 **各單元學習資源**，選按單元名連結即可進入該單元主頁，如果需下載原始檔，可於 **單元學習檔案 > 原始檔** 選按壓縮檔，該壓縮檔即會儲存至瀏覽器預設的下載資料夾，請解壓縮檔案後再使用。

如果要複製各單元完成檔或免費範本資源至自己的 Notion 帳號使用，請在瀏覽器中先註冊並登入 Notion，再進入要複製的單元頁面，選按頁面右上角 **Duplicate**，如果帳號中有多個工作區，選擇工作區後即完成複製。

單元目錄

CONTENTS

▶ 新手篇

Part 1 準備好進入 Notion 了嗎！
高效數位筆記工作術

Part 2 旅行筆記

文件基本編輯與美化頁面

Part 3 閱讀書單

區塊設定與自訂範本

Part 4

差旅費記錄
資料庫應用

Part 5 我的雲端書櫃
進階選單資料庫與 Gallery 呈現

Part 6 計劃管理表
快速套用範本

Part 7 個人化主頁
工具與資料連結

▶ 提升篇

Part 8 專案設計時程表 團隊協作

Part 9 旅遊行程規劃
行動裝置應用

以下 Part 10 採 PDF 電子檔方式提供，
請讀者至 "學習地圖" https://bit.ly/e-happynotion 下載 (P3 有詳細說明)。

Part 10 Notion 小技巧與外掛工具
更聰明更省時

PART

01

準備好進入 Notion 了嗎！

高效數位筆記工作術

單元重點

從如何註冊 Notion 帳號、建立工作區、進階設定...等開始說明，讓初次使用的你，馬上認識與上手。

- ☑ 隨時都能開始的高效率工具
- ☑ 誰適合用 Notion？
- ☑ 註冊與登入 Notion 帳號
- ☑ 團隊或個人工作區的差異
- ☑ 認識 Notion 操作介面
- ☑ 建立頁面與子頁面
- ☑ 頁面的管理
- ☑ 建立多個工作區 Workspace
- ☑ 認識 Notion 進階設定介面
- ☑ 變更帳號名稱、圖片
- ☑ 變更註冊的 Email 帳號
- ☑ 工作區名稱與圖像設定
- ☑ 刪除工作區
- ☑ 自訂 Notion 網域
- ☑ 切換 Notion 語系
- ☑ 切換深色模式
- ☑ 寫作與編輯前的準備

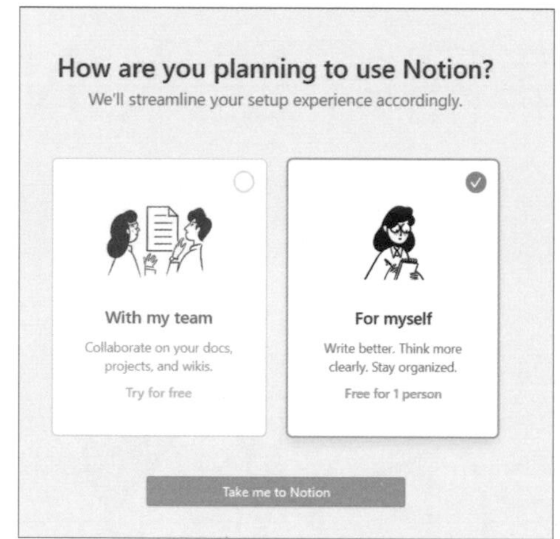

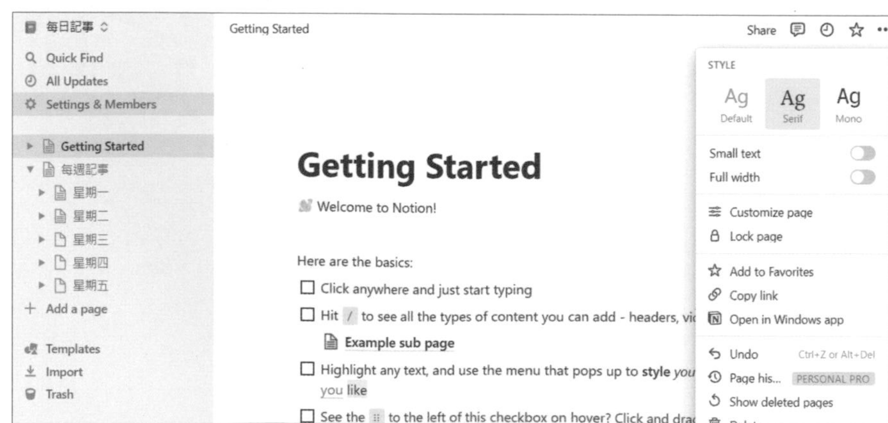

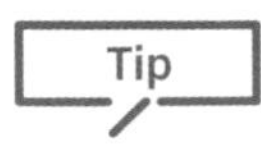

1 隨時都能開始的高效率工具

想要規劃生活、管理工作及專案、有計劃的完成目標，那你一定不能錯過 Notion 數位筆記軟體。

✦ 為什麼很多人都用 Notion？

每天要做的事情堆積如山，手機中待辦事項、郵件訊息一則又一則，沒有效率的記錄方式只會讓你不記得有什麼事情需要優先完成，時常感到混亂也不知道自己在忙些什麼！

Notion 是時下最熱門的筆記軟體之一，但它不只是數位筆記！還整合了筆記本、文件與專案管理、日曆、知識資料庫...等，是一款全面功能的實用工具，個人、團隊、從生活到工作、從資料庫到報告產出都能輕鬆完成，不僅可輕鬆新增編排文字、圖片、音樂、影片、附件...等，還支援多種資料匯入類型，包含 Evernote、Word、Google Docs、CSV...等，以及 Figma、Github、YouTube...等平台內容嵌入。

Notion 更優化了團隊協作的效率，成為數位轉型、遠端工作最強協作工具，統計至 2021 年 10 月，Notion 全球用戶已超過 2,000 萬人，目前支援語言有英文、韓語、日語和法文。

Notion 官網：https://www.notion.so/product?fredir=1

✦ Notion 優點與特色

- Notion 以 Block (區塊) 為單位，可以是文字、資料庫、多媒體 (圖片、影像、音訊)，也可以是 Google Drive、Google Map、Tweet...等多種不同型態的 Block，型態可任意轉換，還擁有自由編排與頁面階層無限制延伸階層...等特色。

- 提供數十種不同情境範本 Templates，包括：設計、學生、工程師、人力資源、行銷、個人、產品管理、業務...等類型全部免費使用。

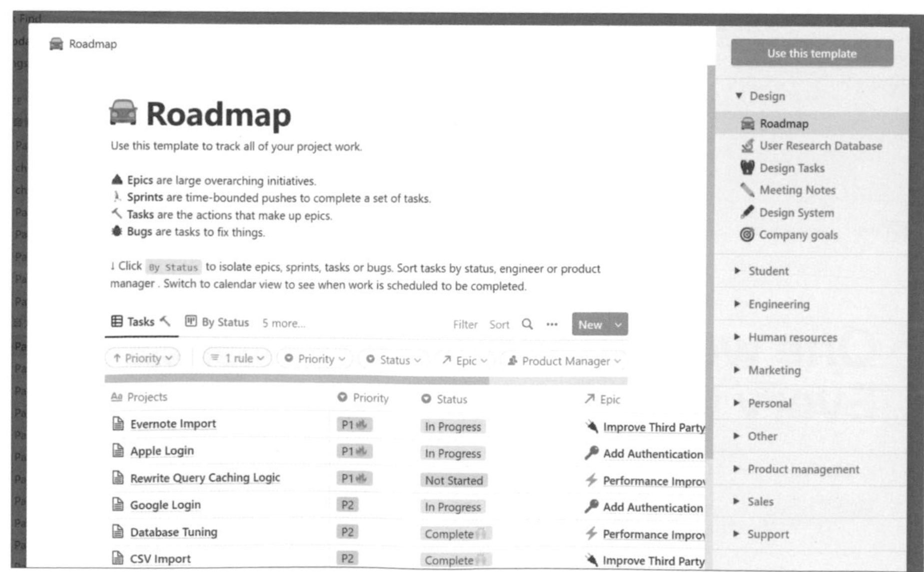

- 跨平台多種系統通用：Windows、MacOS、iOS、Android。
- 支援多平台資料內嵌：包含 YouTube、Google Drive、Google Maps、CodePen...等。

- 支援多種資料匯入類型：包含 Evernote、Word、CSV、Text & Markdown、Dropbox Paper、Google Docs、HTML...等。

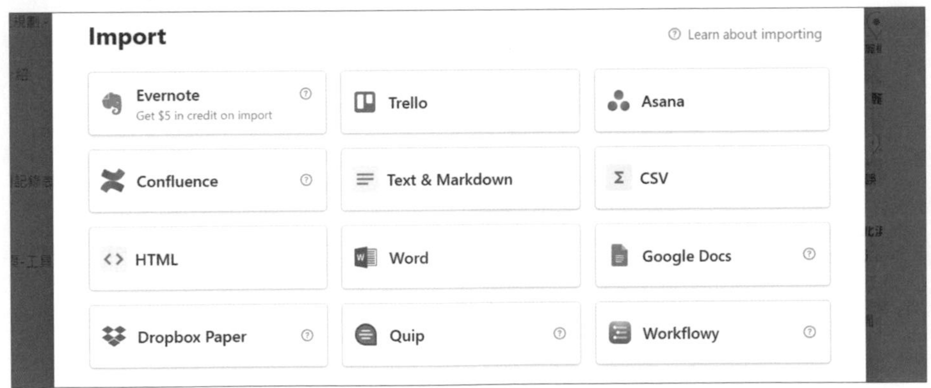

- 資料庫功能支援匯入、建置、屬性類型指定、關聯、計算、view 切換...等全方位應用。
- 支援匯出為 PDF、HTML、Markdown&CSV 格式。
- 搭配 Chrome 擴充功能，能夠直接擷取想記錄的網頁內容至 Notion。
- 支援共享功能，頁面可藉由傳送網址與朋友分享，即使對方無 Notion 帳號也可瀏覽。

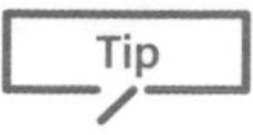

2 六大關鍵情境，誰適合用 Notion？

Notion 可以做的事真的很多！我適合用 Notion 嗎？舉例六大情境，帶大家一起了解是否要投入 Notion 這個強大的筆記工具。

✦ 用電腦、行動裝置隨手記事

Notion 可以在電腦與行動裝置通用並同步資料，對於已有雲端記事習慣的使用者非常方便。並能透過網頁擴充工具擷取資料，以及嵌入之前已建置的 Google Docs 或 Word 文件，快速整合延續編輯。

✦ 習慣筆記與使用行事曆

不論學生或樂於精進學習的上班族、社會人士，用 Notion 可以記錄眾多資料，再使用資料庫分門別類整理，不論是課前準備、上課筆記、學習歷程、會議資料、團購表單，或掌握每日行程、與同事朋友們共同編輯管理，Notion 都是最合適的高效率工具。

✦ 熱愛享受生活大小事

喜愛看書、看影片、看 YouTube 學烹飪，又或是四處旅行、品嚐美食、美酒、收集星級餐廳嗎？都可以透過 Notion 隨手記錄，也可以直接套用官方提供的大量範本再加上 YouTube 影片、擷取相關網頁內容、相片畫廊式資料管理，用在規劃、計算統整都很方便，讓你不錯過生活中任何美好的時刻。

✦ 需要整理大量資料，並整合到處分散的筆記

不論是生活或是工作上，有收集或研讀大量資料的習慣，常常東一件西一件，有些是網頁、有些是 PDF、還有 Google Docs 分享，文字則用 Word 編排，資料格式平台不同，資料四散，要彙整也不容易，還得記得每筆資料的存放平台，真是一大考驗！現在只要全部收到 Notion，一次整合多平台文件及格式，還可藉由目錄、連結或同步區塊選單統一管理、方便規劃。

✦ 凡事要求美感

你的骨子裡也擁有設計師基因嗎？做任何事情不僅要求作品專業完美，也希望工具平台介面要簡單有設計感？Notion 即是一款介面簡潔有設計感、靈活、流暢的操作加上 Block 編輯模式，可以讓你自由設計出想要的版型與範本，還可搭配封面圖片、Unsplash 圖庫輕鬆設計出待辦事項、課堂筆記、專案管理、學習知識庫...等不同的用途與領域的專業內容。

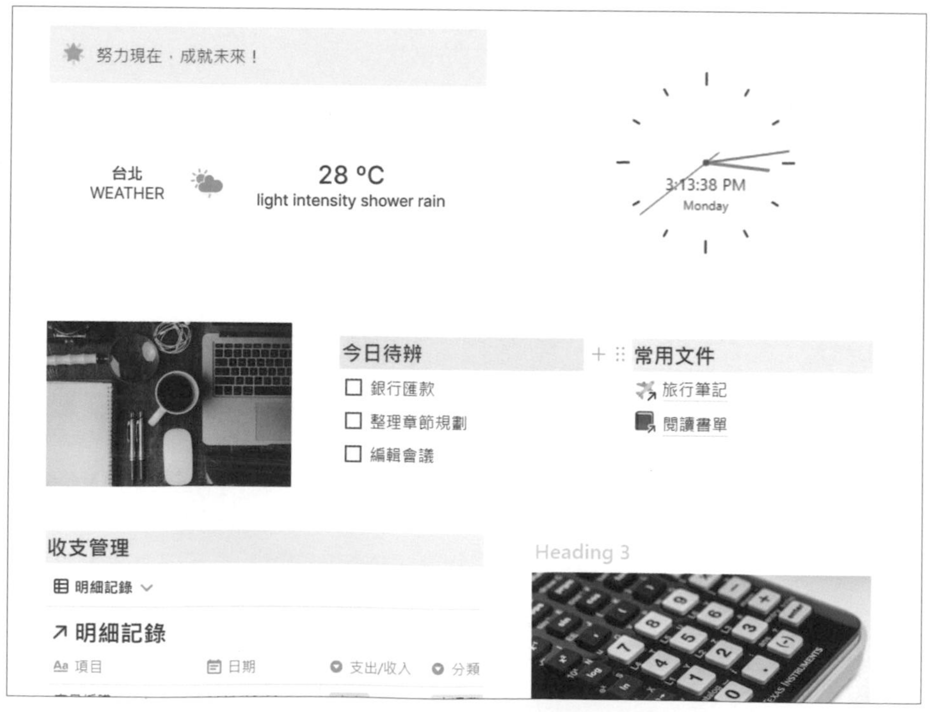

✦ 管理各種專案進度

Notion 資料庫 Timeline (時間軸) 模式可幫助你管理多個專案進度，還有 Table、Board、List、Gallery、Calendar 多種檢視模式，依需求切換建立捷徑，快速掌握專案資料，還能建立篩選條件各別檢視，像是不同任務、專案負責人、時間、完成狀態...等，資料表計算功能也能讓你立即掌握預算不超標。

專案設計時程表

製作中　取消　尚未開始　完成　人員分配

專案內容

Name	參與人員	狀態	階段名稱	經過天數	開始日期	預計完成日期
內文撰寫		製作中	草稿	42	2022/04/25	2022/05/20
版面設計	Lily cheng	製作中	搜集素材中	27	2022/05/10	2022/05/20

+ New

COUNT 2

期程

時程　階段日

June 2022

Sun	Mon	Tue	Wed	Thu	Fri
29	30	31	Jun 1	2	3

撰寫、排版

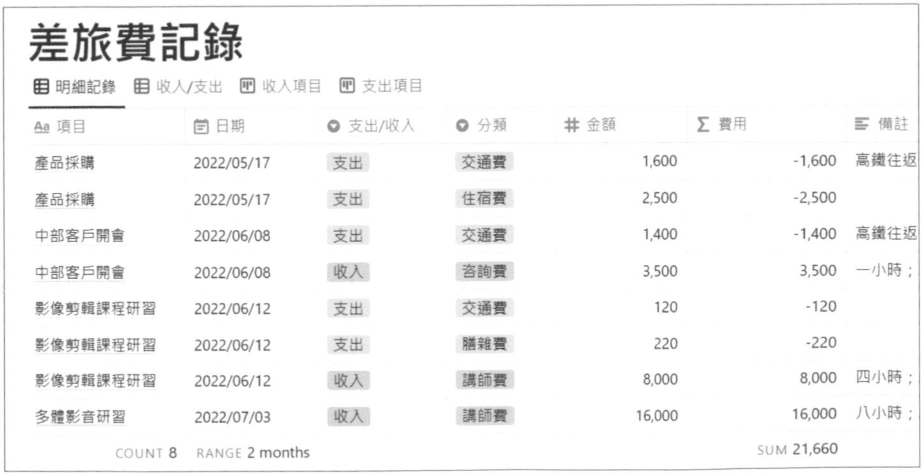

差旅費記錄

明細記錄　收入/支出　收入項目　支出項目

項目	日期	支出/收入	分類	金額	費用	備註
產品採購	2022/05/17	支出	交通費	1,600	-1,600	高鐵往返
產品採購	2022/05/17	支出	住宿費	2,500	-2,500	
中部客戶開會	2022/06/08	支出	交通費	1,400	-1,400	高鐵往返
中部客戶開會	2022/06/08	收入	咨詢費	3,500	3,500	一小時；
影像剪輯課程研習	2022/06/12	支出	交通費	120	-120	
影像剪輯課程研習	2022/06/12	支出	膳雜費	220	-220	
影像剪輯課程研習	2022/06/12	收入	講師費	8,000	8,000	四小時；
多體影音研習	2022/07/03	收入	講師費	16,000	16,000	八小時；
COUNT 8	RANGE 2 months				SUM 21,660	

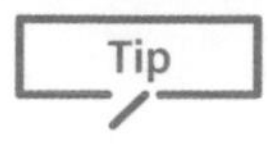

3 註冊與登入 Notion

註冊一組 Notion 帳號，即可以開始使用 Notion 所提供的免費服務，以下介紹帳號註冊方式。

✦ 使用 Google 或 Apple 帳號

開啟瀏覽器，於網址列輸入「https://www.notion.so/」進入 Notion 官方首頁，選按欲註冊的帳號類型，輸入帳號與密碼 (按 **Skip** 略過 **Tell us about yourself** 畫面)，最後選擇 **For myself** 個人方案，再選按 **Take me to Notion** 完成註冊。

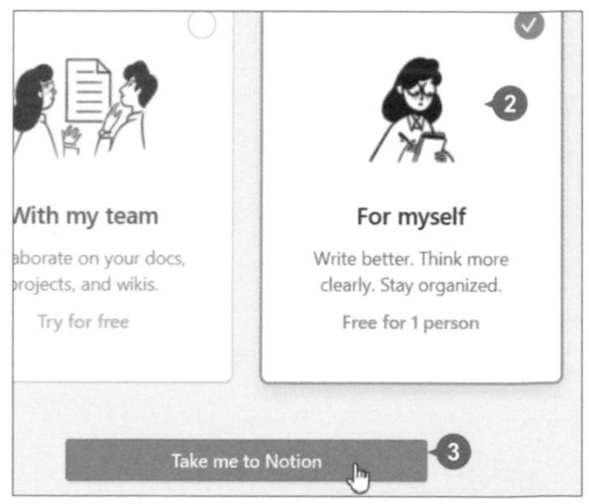

✦ 使用其他 Email 帳號

step 01 如果沒有 Google 或 Apple 帳號，可以在畫面下方輸入其他帳號，再選按 **Continue with email**。

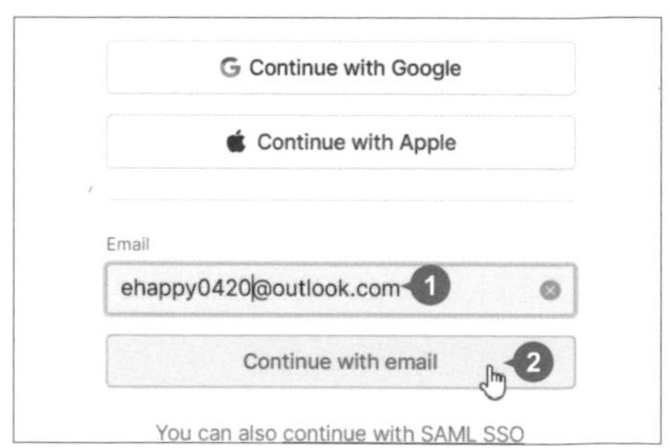

step 02 收到 Notion 確認信件後複製註冊碼，回到 Notion 註冊畫面，於 **Sign up code** 欄位貼入剛剛複製的註冊碼，選按 **Create new account**。

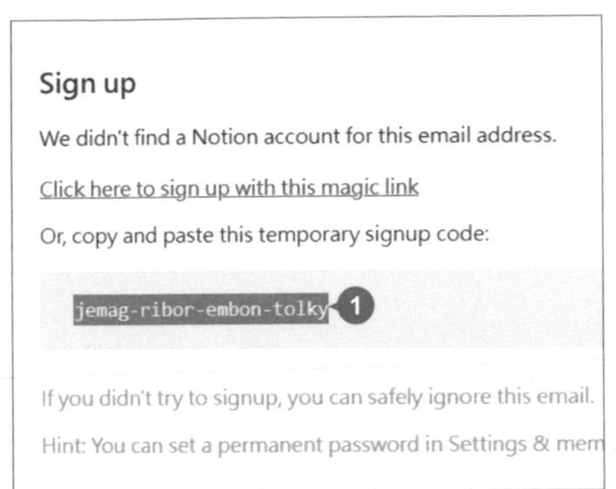

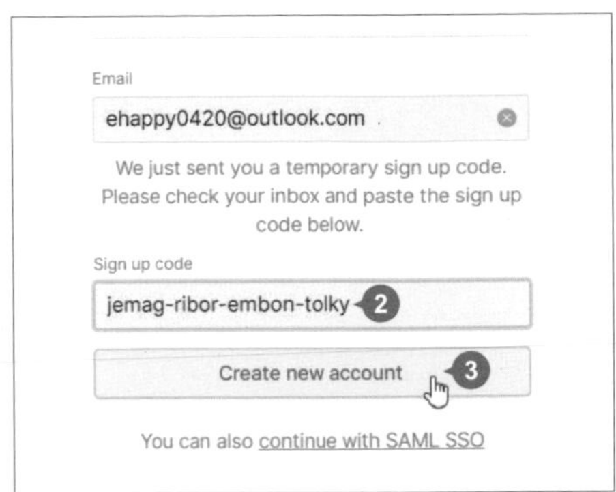

step 03 輸入使用名稱，設定一組密碼，選按 **Continue** (按 **Skip** 略過 **Tell us about yourself** 畫面)，最後選按 **For myself** 個人方案，再選按 **Take me to Notion** 完成註冊。

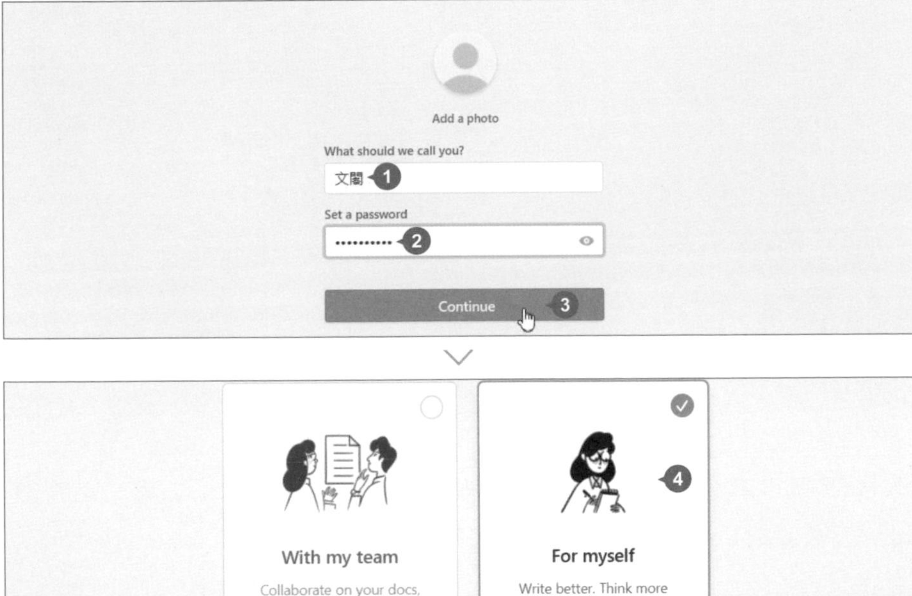

4 團隊或個人工作區的差異

For myself 適合個人記事，**With my team** 則適合團隊協作，以下整理二種工作區的收費與功能差異。

註冊完成後，可以依需求選擇免費版的 **With my team** (團隊) 或 **For myself** (個人) 工作區。免費版的團隊或個人工作區均有訪客人數限制，團隊工作區另有 1,000 個 Block (區塊) 限制，免費版與付費版差異可以參考以下說明：

	一般個人 Personal	個人專業 Personal Pro	團隊 Team	企業 Enterprise
價格	(免費)	(5 美元/月)	(10 美元/人/月)	(25 美元/人/月)
頁面與區塊	無限制	無限制	無限制	無限制
成員	只有你	只有你	無限制	無限制
訪客	5	無限制	無限制	無限制
檔案上傳限制	5 MB	無限制	無限制	無限制
歷史文件		30 天	30 天	永久
即時協作	有	有	有	有
分享文件連結	有	有	有	有
工作區協作			有	有

更多詳細說明可參考官網「https://www.notion.so/pricing」，也可以參考官網「https://www.notion.so/personal」底下的問答集。

如果使用學校電子郵件註冊，即可免費升級為 Personal Pro 方案，更多詳細說明可參考官網「https://www.notion.so/product/notion-for-education」。

5 認識 Notion 操作介面

透過下圖標示，熟悉 Notion 介面各項功能位置，能讓你接下來的操作與學習過程更加得心應手。

帳號、工作區及相關進階設定
頁面名稱
分享連結、查看評論、歷史文件、將頁面加到我的最愛

新增頁面　範本、匯入、垃圾桶功能　頁面區　頁面編輯區　頁面輔助功能清單　相關教學說明

■ 介面左側灰色區塊統稱為側邊欄，包含：帳號、工作區及進階設定、頁面區、範本、匯入、垃圾桶、新增頁面...等功能。

■ 頁面右上角選按 ⋯，清單中提供調整頁面字體大小、版面寬度、自訂頁面或鎖定頁面...等功能。

6 頁面建立方式

第一次進入 Notion，頁面區預設提供多款範本，也可建立新頁面自行設計版面。

✦ 建立頁面

step 01 首次進入 Notion 主頁面，會出現對話方塊提示使用預設範本或刪除範本定義自己的頁面區，在此選按 **Clear templates** 刪除所有範本頁面。

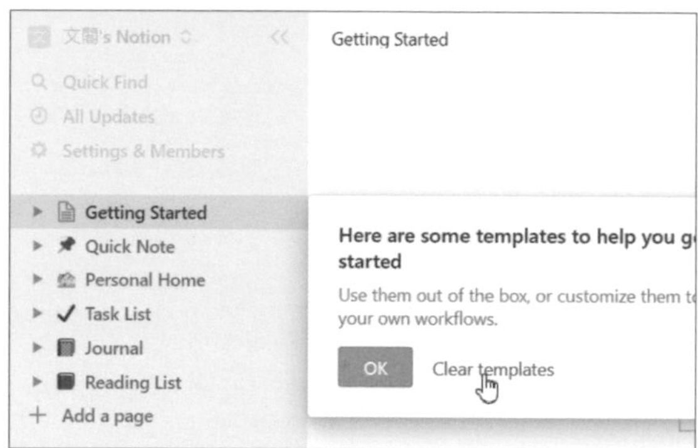

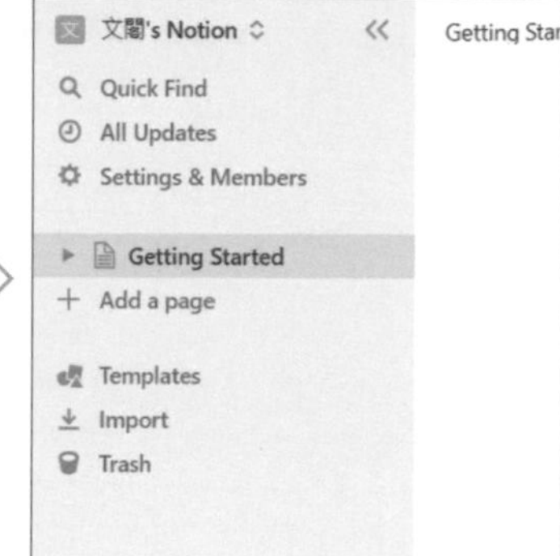

step 02 側邊欄選按 **+ New page** 新增頁面。

step 03 選按 **Untitled** 輸入文字後，即成為該頁面名稱，再選按 ⤡ 可展開頁面編輯內容。

小提示

快速建立頁面

側邊欄選按 **+ Add a page** 一樣可以新增頁面，接著選按 **Untitled** 輸入頁面名稱。

手動刪除預設範本頁或不需要的頁面

如果錯過了一開始刪除全部範本的操作，之後將滑鼠指標移至側邊欄頁面名稱右側，選按 ⋯ > **Delete** 即可刪除該頁面。

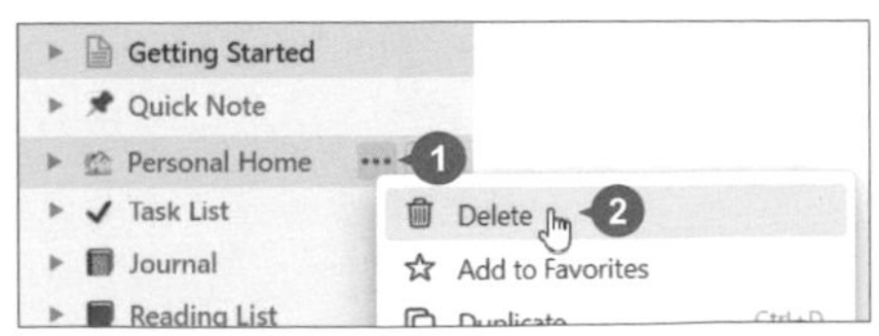

新手篇 01 高效數位筆記工作術

✦建立子頁面

頁面下方產生的次層級頁面，通常稱為 "子頁面"。滑鼠指標移至側邊欄頁面名稱右側選按 ⊞ 新增頁面，選按 **Untitled** 輸入頁面名稱後，選按 ⤡ 即可展開子頁面編輯內容。

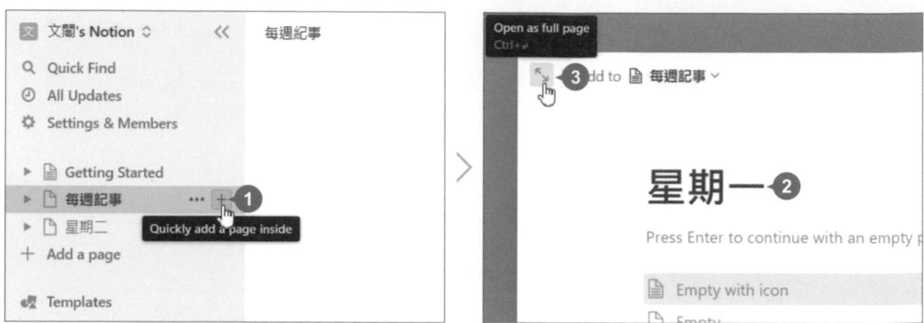

若為已經建立好的頁面，滑鼠指標移至側邊欄該頁面名稱上呈 ☝，按滑鼠左鍵不放，利用拖曳即可成為子頁面。

頁面管理

善用重新命名、移動、複製或是刪除...等功能，可以有效率管理已建立的頁面。

滑鼠指標移至側邊欄頁面名稱右側，選按 ⋯，清單中分別有 **Delete** (刪除)、**Add to Favorites** (加到最愛)、**Duplicate** (複製)、**Copy link** (複製連結)、**Rename** (重新命名)...等頁面管理功能。

除了如 P1-16 使用拖曳移動頁面，也可以利用 **Move to**。滑鼠指標移至側邊欄頁面名稱右側，選按 ⋯ > **Move to**，清單中可以選擇將頁面移至其他頁面之下，或是移至帳號中其他工作區 (建立其他工作區可參考本章 Tip 8)

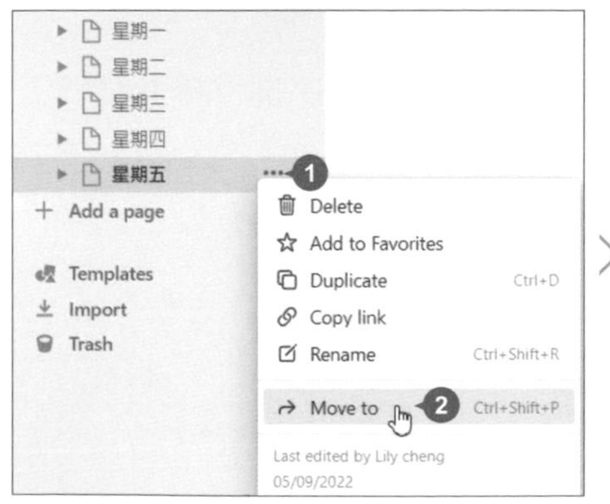

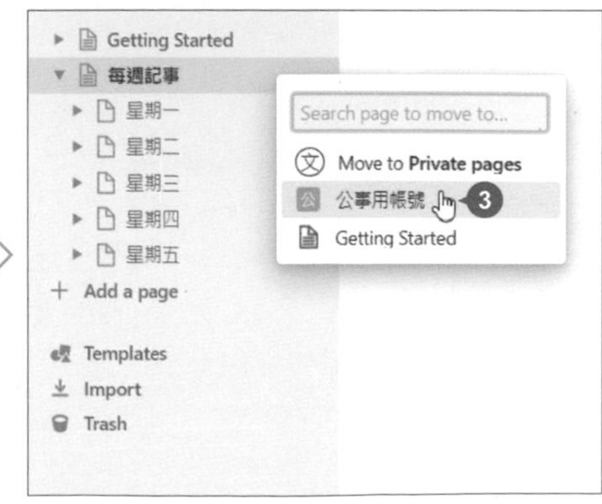

8 一個帳號可以有多個工作區

一個 Notion 帳號可以依不同主題或用途建立多個工作區，例如筆記、知識庫、工作...等，甚至建立團隊，加入成員。

✦ 建立團隊工作區

由於一開始示範註冊登入時是選擇 "個人工作區" (P1-11)，而在此說明如何建立 "團隊工作區"，待後續可於 Part 08 加入成員來共用編輯。

step 01 側邊欄上方選按工作區名稱 > ··· > **Join or create workspace** (若目前有其他工作區邀請需先選按 **Create new workspace**)，核選 **With my team**，再選按 **Continue**。

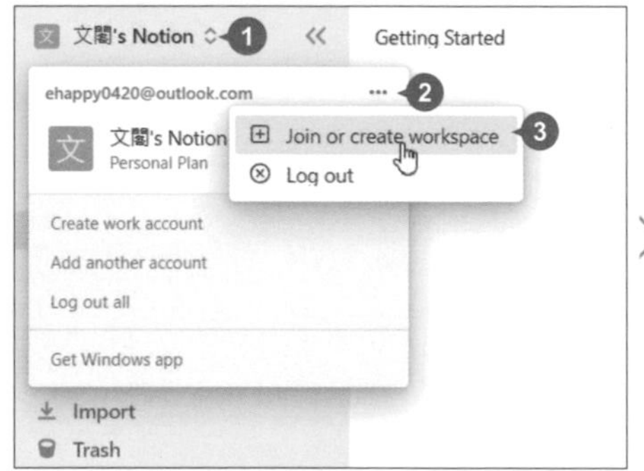

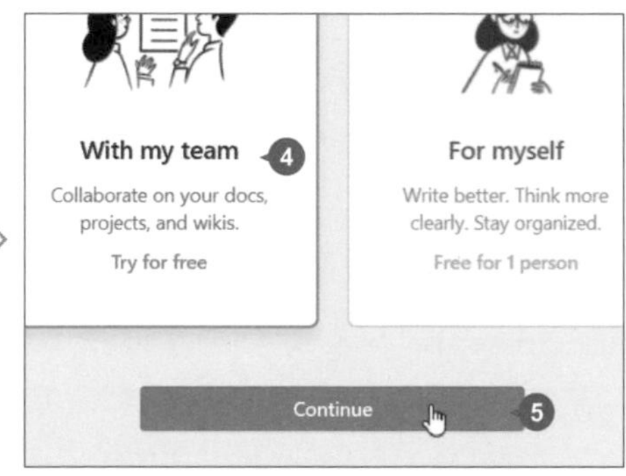

step 02 設定團隊工作區的圖示，並於 **Workspace name** 欄位輸入團隊工作區名稱，再選按 **Continue**。

於 **Send invites** 欄位中輸入欲邀請的成員 Email，選按 **Invite and take me to Notion**。

小提示

企業電子郵件帳號可加入同網域成員

- 如果一開始是使用企業電子郵件申請、註冊 Notion 帳號，當選按 **Join or create workspace** 時，會看到可以自動加入的工作區清單，選按 **Create new workspace**，即可按照步驟建立工作區。

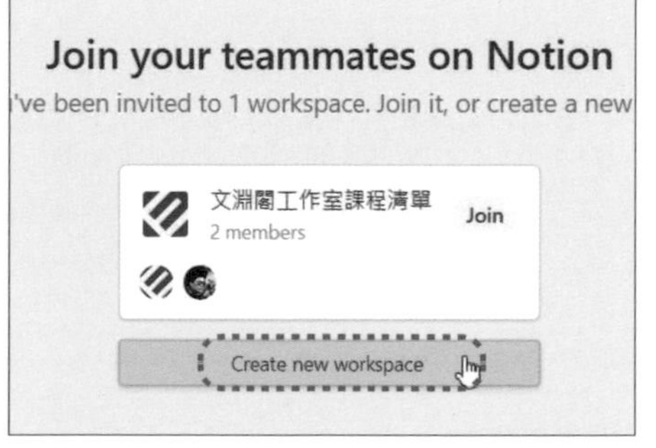

- 邀請成員加入工作區的畫面中，只要核選 **Allow anyone with a (@網域名稱) email to join this workspace** 項目，即會自動邀請同網域的其他使用者。

Send invites
Get shareable link
@gmail.com
Email address
Email address
+ Add more or invite in bulk
Allow anyone with a @e-happy.com.tw email to join this workspace

step 04 完成後會進入剛剛建立的 Notion 團隊工作區。

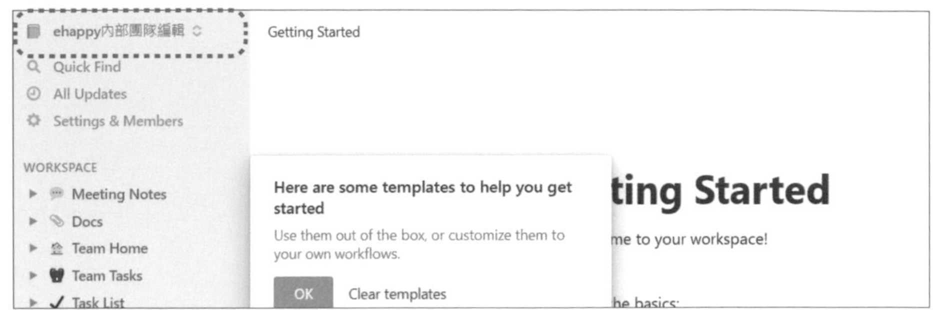

小提示

接收到團隊發送的邀請

被邀請的成員，會收到一封電子郵件通知，選按 **Click here to view it** 就可以開啟並加入該團隊工作區。

✦ 工作區間切換

建立或加入多個工作區後，可於側邊欄上方選按工作區名稱，在清單中選按想切換的其他工作區名稱，即可進入該工作區。

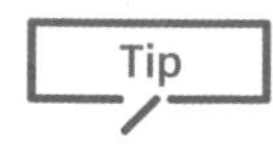

9 Notion 進階設定介面

更換帳號名稱、圖片或註冊 Email、自訂網域、變更工作區名稱...等操作，都可以藉由 **Settings & Members** 介面設定。

側邊欄選按 **Settings & Members** 開啟視窗，以下整理各設定主題中文名稱，詳細操作方式可參考後續說明：

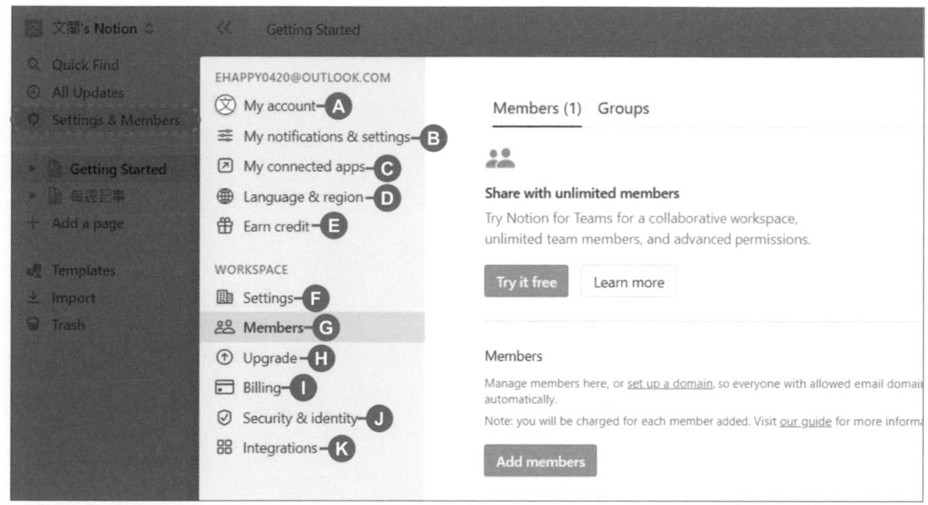

- Ⓐ **My account**：我的帳號
- Ⓑ **My notifications & settings**：我的通知與設定
- Ⓒ **My connected apps**：我已連接的應用程式
- Ⓓ **Language & region**：語言與地區
- Ⓔ **Earn credit**：賺取信用點數
- Ⓕ **Settings**：工作區帳號設定
- Ⓖ **Members**：工作區成員設定
- Ⓗ **Upgrade**：Notion 升級方案
- Ⓘ **Billing**：帳單與支付紀錄
- Ⓙ **Security & identity**：升級企業級安全設定
- Ⓚ **Integrations**：應用程式整合

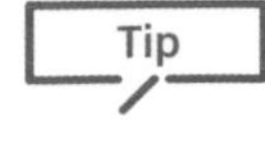

10 變更帳號名稱、圖片

使用好記的帳號名稱，或是幫帳號上傳一張好看的圖片，可以讓你參與團隊協作時，加強帳號辨識度。

step 01 側邊欄選按 **Settings & Members** 開啟視窗，再選按 **My account > Upload photo** 開啟對話方塊，選擇欲上傳的圖片檔案後，選按 **開啟**。

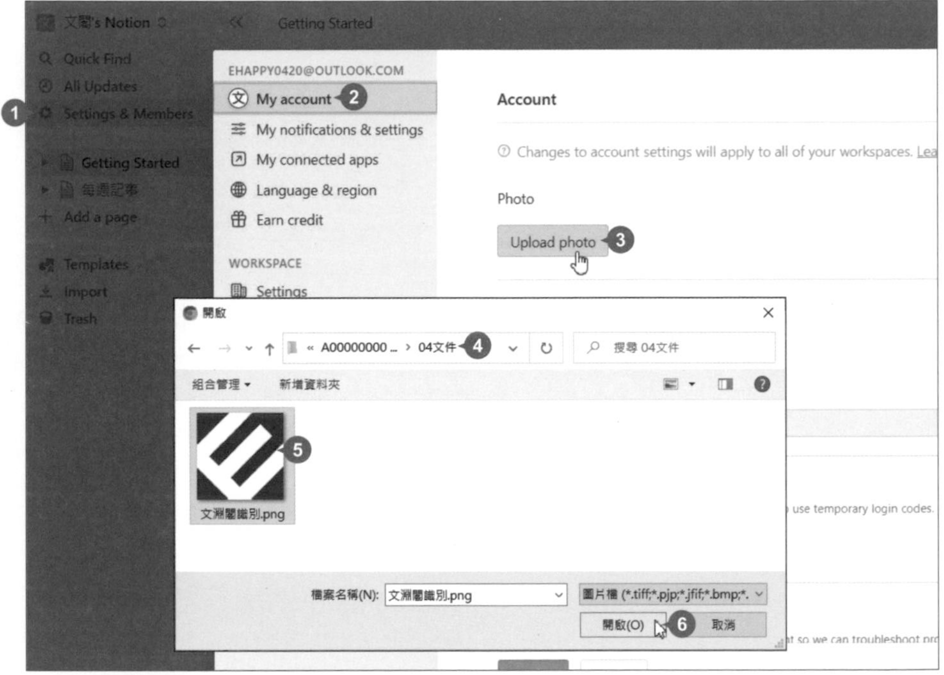

step 02 於 **Preferred name** 欄位中輸入欲使用的帳號名稱，再選按 **Update** 即可完成圖片與名稱的變更。

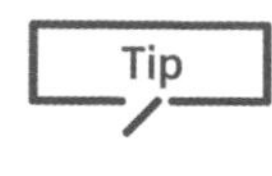

11 變更註冊的 Email 帳號

如果在工作或使用需求下，想將原本註冊的 Email 帳號更換為企業、教育單位或其他 Email，可以參考以下方式直接更改。

step 01 側邊欄選按 **Settings & Members** 開啟視窗，選按 **My account**，於 **Email** 右側選按 **Change email**。

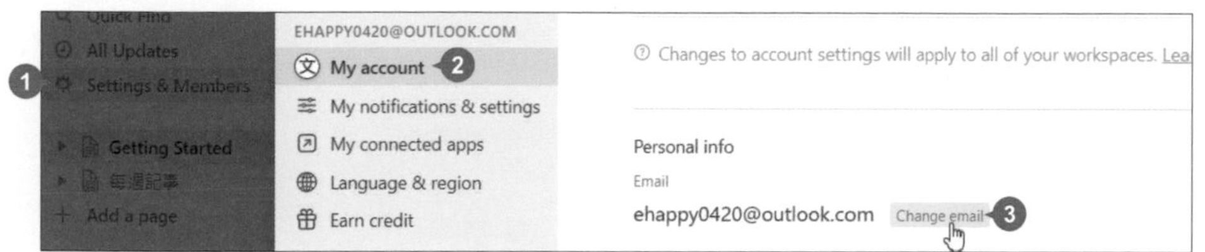

step 02 輸入密碼後選按 **Continue**，再輸入欲變更的新 Email 位址，選按 **Send verification code**，會發送一組驗證碼至新郵件信箱中。(如果變更的 Email 位址是相同網域，如 gmail.com，則新舊帳號都會被要求驗證，再依相同方法收信並輸入驗證碼即可。)

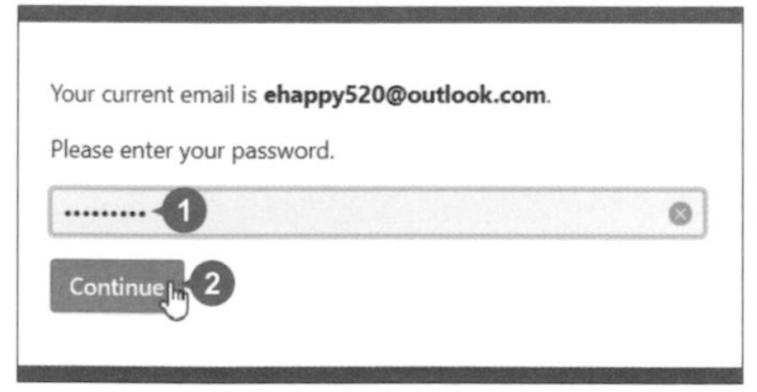

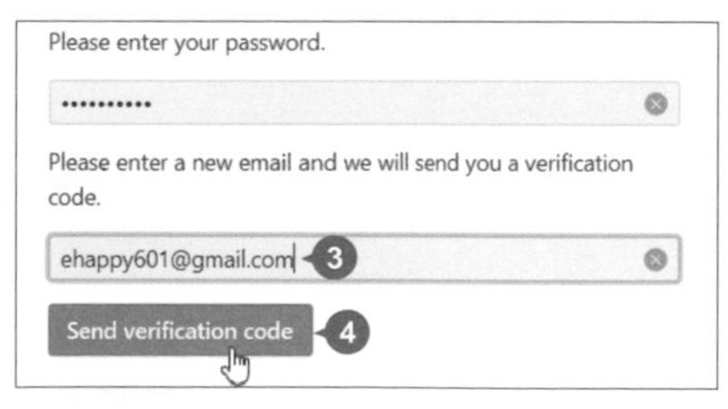

step 03 複製驗證碼後，回到 Notion 貼上，選按 **Change email**，最後再選按 **Update** 即完成。

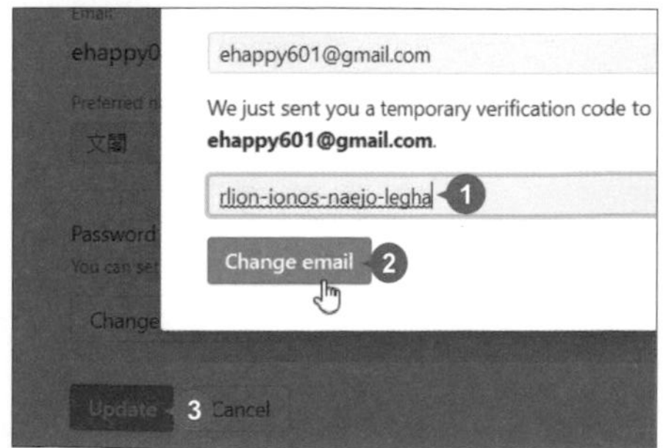

12 工作區名稱與圖片設定

Do it !

個人工作區名稱都會以帳號名稱命名，在此可以為不同的工作區重新命名，方便區分不同屬性或主題。

step 01 先切換至欲變更名稱的工作區，側邊欄選按 **Settings & Members** 開啟視窗，再選按 **Settings**，於 **Name** 欄位輸入工作區新名稱。

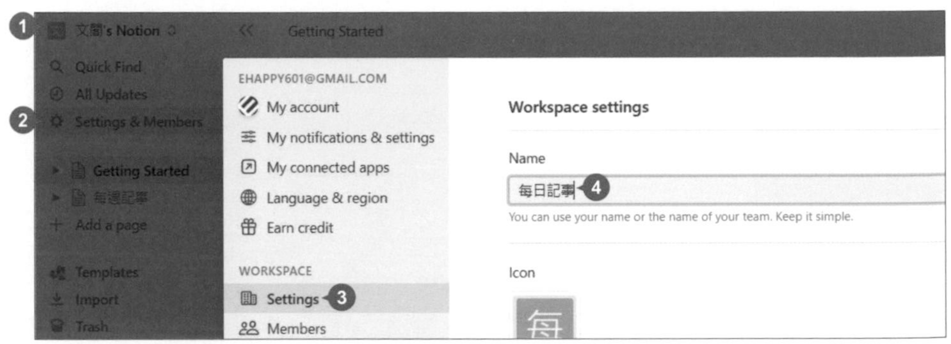

step 02 選按 **Icon** 圖示顯示 **Emoji** 清單，選按合適圖片。(或利用 **Upload an image** 上傳圖片)，完成後於下方選按 **Update** 完成變更。

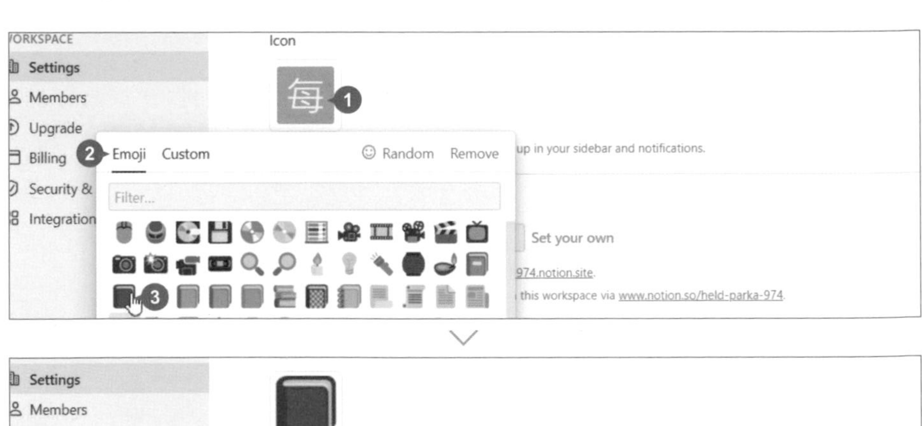

13 刪除工作區

想要刪除不需要的工作區，可以透過以下操作，精簡 Notion 空間，達到有效管理。

step 01 先切換至欲刪除的工作區，側邊欄選按 **Settings & Members** 開啟視窗，再選按 **Settings**。(建議可以先複製 **Name** 欄位文字。)

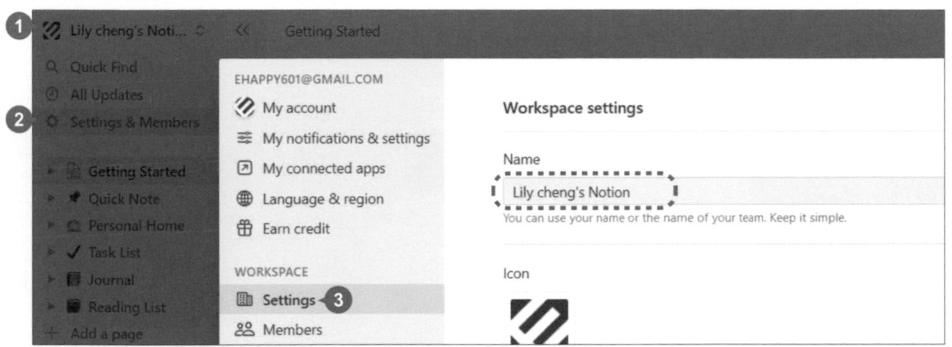

step 02 於下方選按 **Delete entire workspace**，接著在欄位中輸入工作區名稱 (可貼上前一個步驟複製的文字)，選按 **Permanently delete workspace** 即可刪除該工作區。

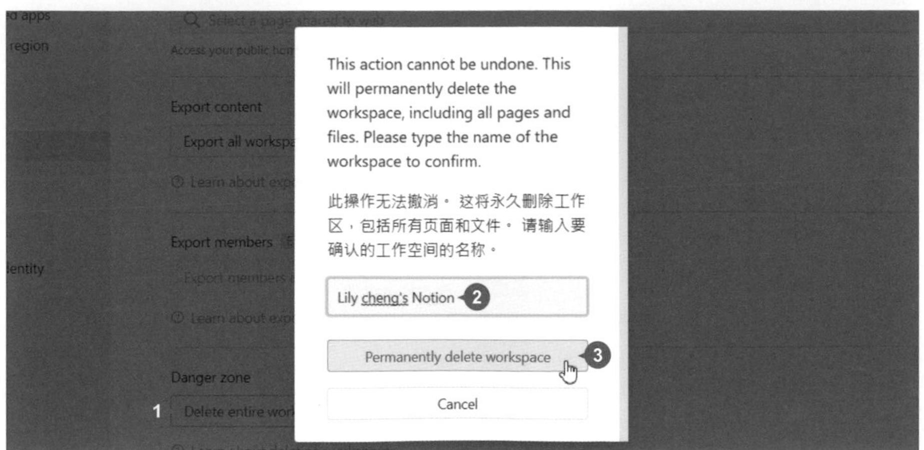

14 自訂 Notion 網域

分享連結時，預設會以一組英數字做為網域名稱起始，如果覺得複雜不好記，可以將它改為好記又簡單的名字。

step 01 先切換至欲變更網域名稱的工作區，側邊欄選按 **Settings & Members** 開啟視窗，選按 **Settings**，於 **Domain** 欄位輸入後 (可以使用的名稱會顯示 ✔ **Available**)，再選按 **Update**。

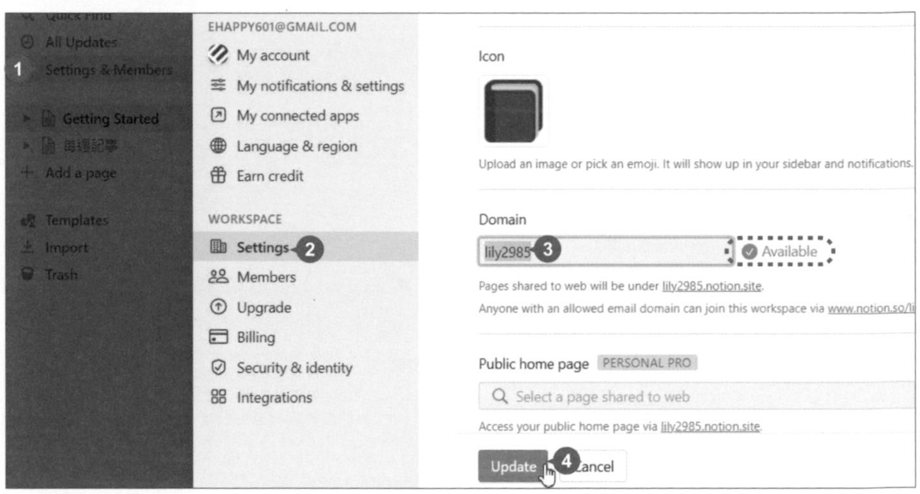

step 02 若企業電子郵件建立的 Notion 帳號需再選按 **Change**。日後分享連結時 (相關操作可參考 P2-19)，網址會以設定好的 **Domain** 為起始。

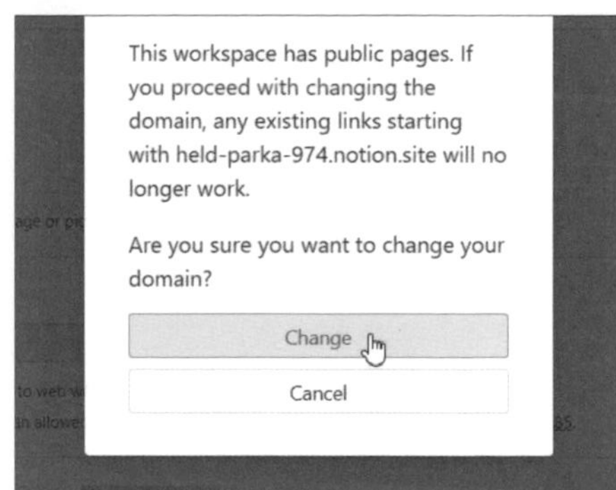

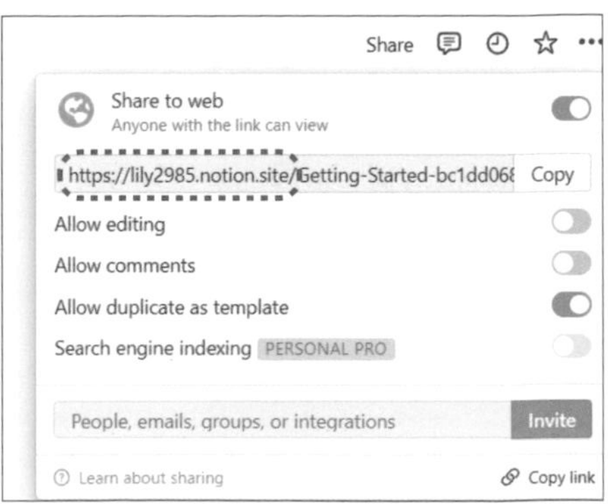

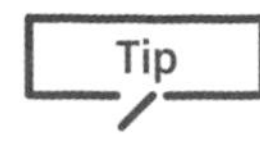

15 切換 Notion 語系

Notion 預設為英文介面，另外提供了韓語、日語和法語三種語系可供切換。

step 01 側邊欄選按 **Settings & Members** 開啟視窗，再選按 **Language & region**。

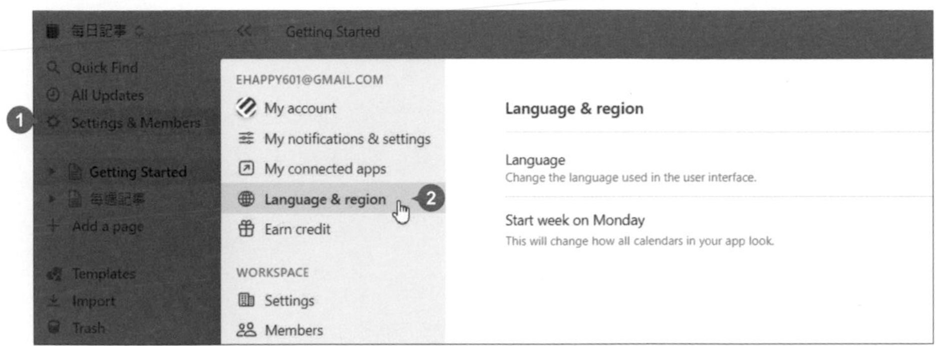

step 02 於 **Language** 右側選按 **English**，清單中可選擇欲變更的語系，再選按 **Update** 即可。

16 介面切換為深色模式

Notion 介面支援深色模式，依工作環境適性去做變化，提供使用者更好、更舒適的視覺體驗。

step 01 側邊欄選按 **Settings & Members** 開啟視窗，再選按 **My notifications & settings**。

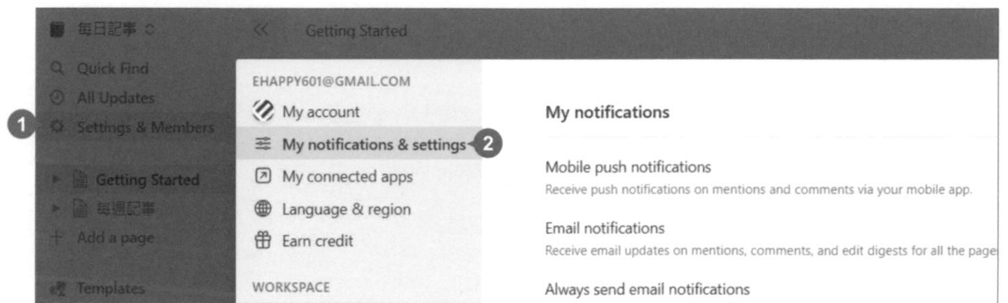

step 02 於 **Appearance** 項目右側選按 **Light** (預設項目)，清單中選按 **Dark** 即可將介面切換為深色模式。

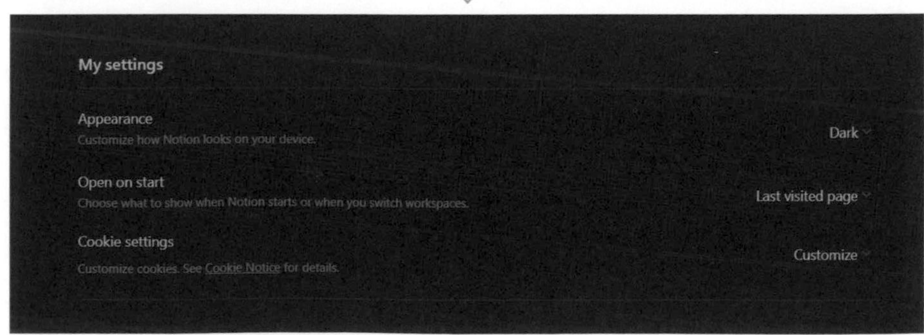

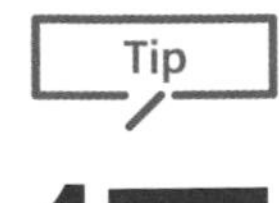

17 寫作與編輯前的準備

輸入頁面內容前，先認識三個基礎編輯工具，並學習如何產生樣式或內容的方法，讓你可以更有效率的使用 Notion。

✦ 認識編輯工具

編輯頁面內容時，有三個必備工具，以下簡單整理：

- ＋：滑鼠指標移至空白區塊左側選按 ＋，清單中提供 **Text** (文字)、**Page** (頁面)、**To-do list** (待辦清單)...等樣式及相關物件，選按即可套用。

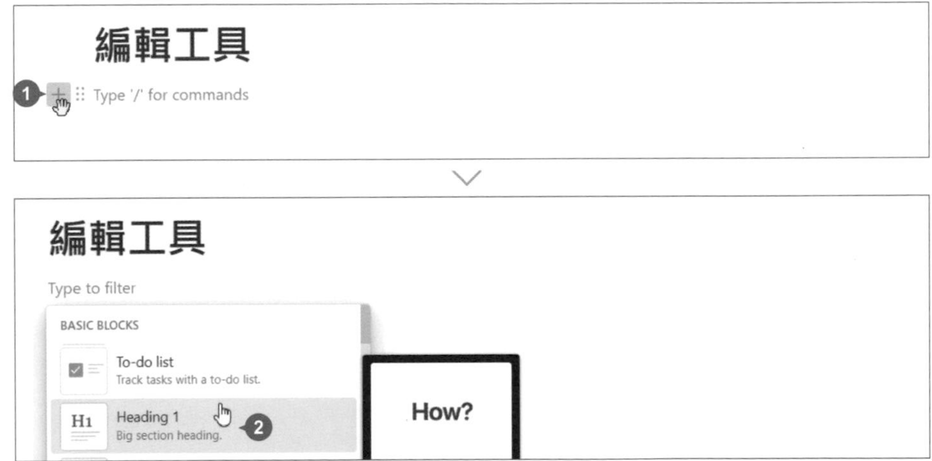

- ⠿：滑鼠指標移至空白區塊左側選按 ⠿，清單中提供 **Delete** (刪除)、**Duplicate** (複製)、**Turn into** (轉換)...等功能，選按即可套用，按住不放亦可拖曳變更區塊位置。

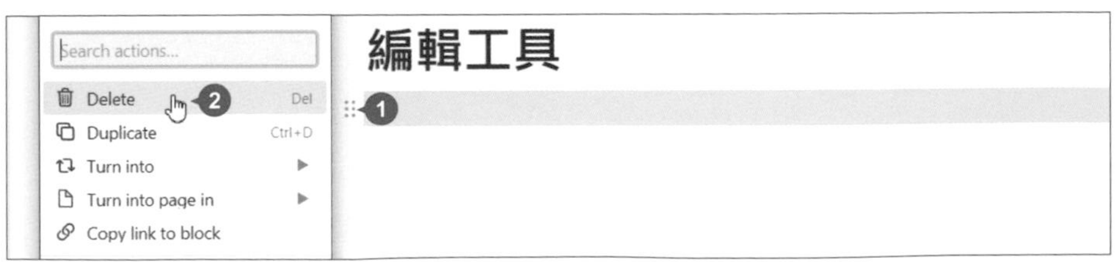

■ /：空白區塊輸入「/」加上指令，如「/ heading」、「/ duplicate」...等，可呼叫插入清單，並顯示與該指令相關樣式或功能，選按即可套用。

✦ 內容產生的方法

Notion 頁面產生內容的方法，有以下四種：

- 直接輸入：除了輸入文字、數值、符號... 等內容，還包含可快速產生樣式套用的指令，如輸入「*」+ 空白鍵產生 **Bulleted list** (項目符號)、輸入「#」+ 空白鍵產生 **Heading 1** (標題1)...等。(快速鍵可參考書附折頁)
- 選按 [+]：滑鼠指標移至空白區塊左側選按 [+]，清單中提供各種樣式或物件項目，選按即產生。
- 輸入「/」：空白區塊輸入「/」加上指令，如「/quote 」、「/ callout」...等，可於清單中選按合適的項目或直接按 Enter 鍵產生。
- 從電腦檔案總管視窗中拖曳：本機中的圖片、文件或影片...等檔案，可以用拖曳方式直接插入至 Notion 頁面。

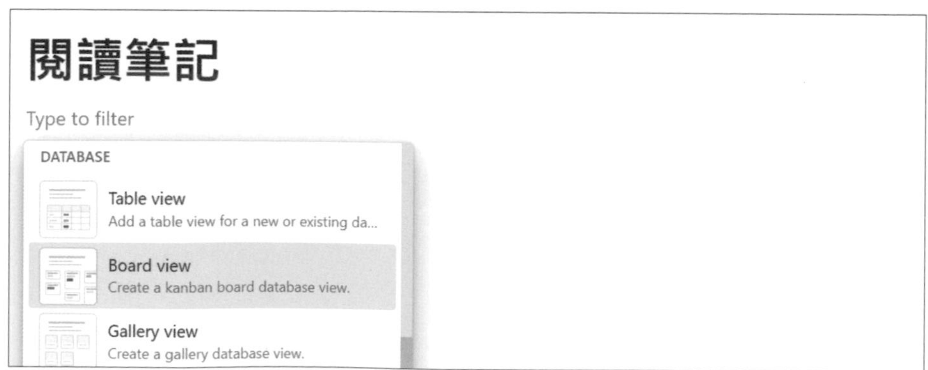

PART

02

旅行筆記

文件基本編輯與美化頁面

單元重點

從建立空白頁面開始，新增標題，插入內文樣式頁面風格、文字編輯、表格、Google Maps...等，輕鬆上手，擁有第一份 Notion 筆記文件。

- ☑ 新增第一個頁面
- ☑ 設計頁面風格
- ☑ 套用區塊樣式
- ☑ 套用文字樣式
- ☑ 新增 Table (簡易表格)
- ☑ 變更頁面字型與大小
- ☑ 加入 Google Maps
- ☑ 分享頁面與權限設定
- ☑ 設定我的最愛與查看頁面編輯紀錄

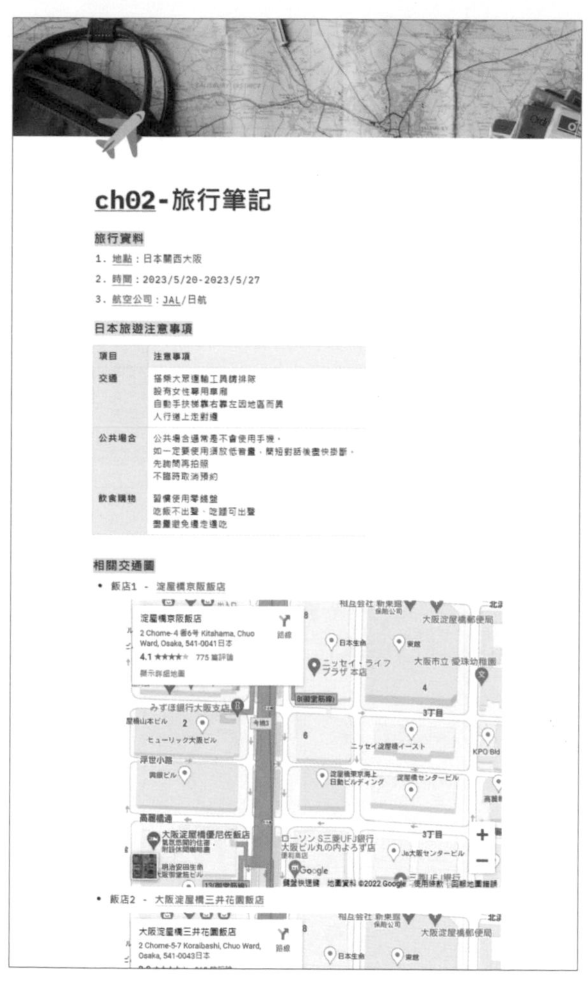

Notion 學習地圖 \ 各章學習資源

作品：Part 02 旅行筆記 - 文件基本編輯與美化頁面 \ 單元學習檔案

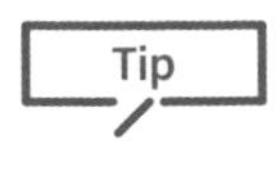

1 新增第一個頁面

開新頁面後，記得為頁面命名。建立好的頁面老是找不到？大都是因為忘了為頁面命名或沒有加上適合的名稱。

✦ 開新頁面

側邊欄選按 **+ Add a page** 新增頁面。

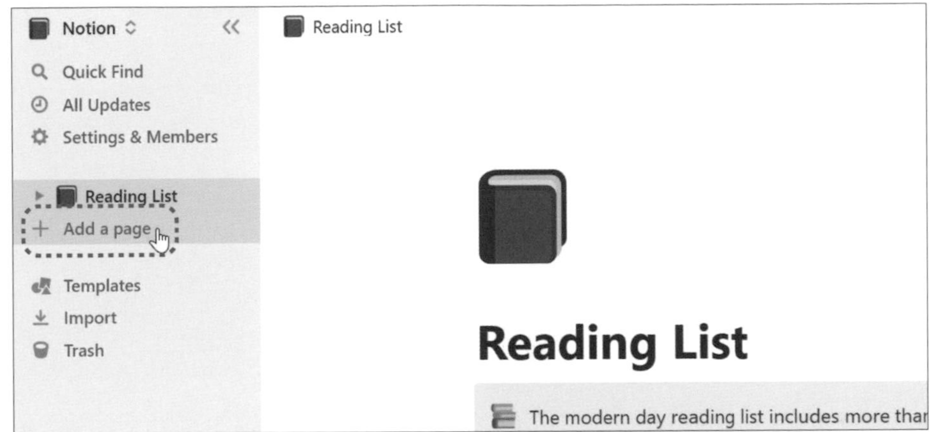

✦ 頁面命名

選按 **Untitled** 輸入頁面名稱。

2 設計頁面風格

圖示與封面圖片可營造整個版面氛圍並強調主題，同時側邊欄頁面名稱左側也會顯示圖示以方便辨識。

✦ 建立頁面圖示

頁面圖示可使用 Notion 內建 **Emoji** 圖庫 (選按 **Random** 可隨機顯示)，還可選按 **Upload an image** 上傳電腦中的圖片 (建議大小 280×280 像素)，或選按 **Link** 貼上圖片的網址。

step 01 滑鼠指標移至頁面名稱上方，選按 **Add icon**。

step 02 頁面名稱上方會出現隨機圖示，選按圖示顯示 **Emoji** 清單，選按合適圖示即可變更。(也可以在 **Filter** 欄位輸入關鍵字搜尋)

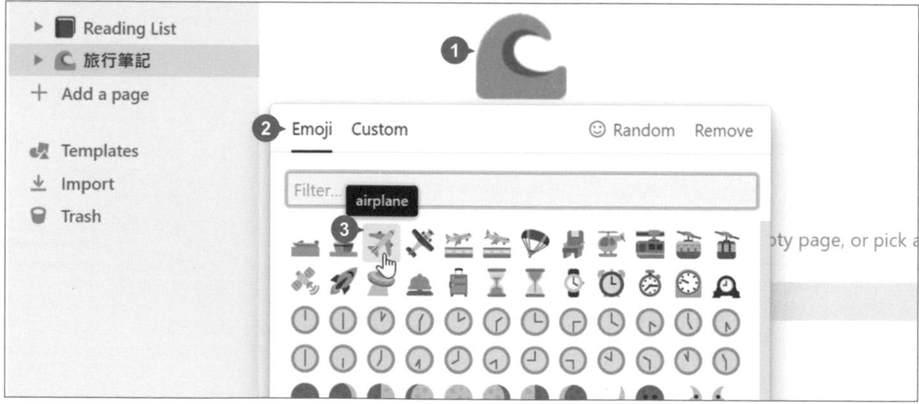

✦ 建立封面圖片

封面圖片可使用 Notion 圖片資料庫 **Gallery** 或 **Unsplash** 高品質圖庫，還可以選按 **Upload** 上傳電腦中的圖片 (建議寬度至少 1,500 像素)，或選按 Link 貼上圖片網址。

step 01 滑鼠指標移至頁面名稱上方，選按 **Add cover**。

step 02 頁面上方會出現預設圖片，滑鼠指標移到圖片，選按 **Change cover** 可選擇合適圖片套用。在此選按 **Unsplash**，於搜尋欄位輸入關鍵字 (此範例輸入「travel」)，選按合適圖片即可變更。

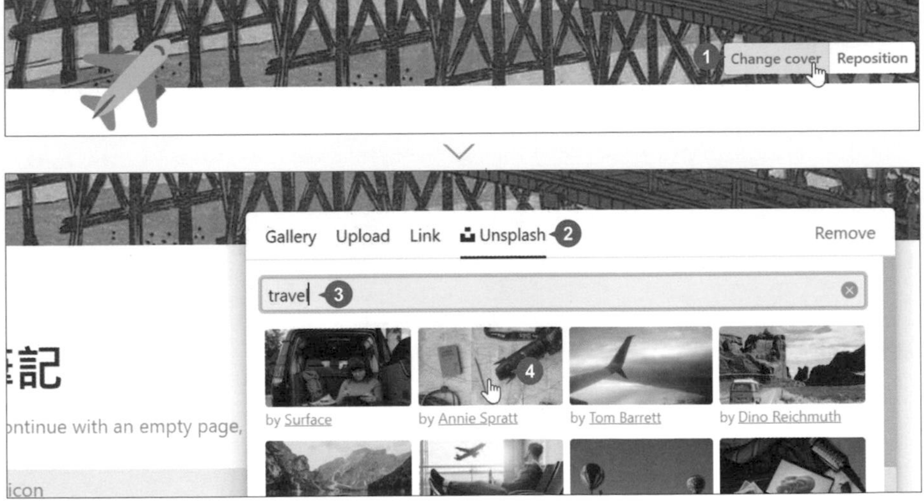

step 03 空白處按一下即可關閉清單。

✦ 調整封面圖片位置

加入圖片之後，可以依需求調整圖片到最合適位置。

step 01 滑鼠指標移到圖片，於右下角選按 **Reposition**。

step 02 滑鼠指標呈 ✥，按著圖片拖曳至合適位置，再選按 **Save position** 即完成位置調整。

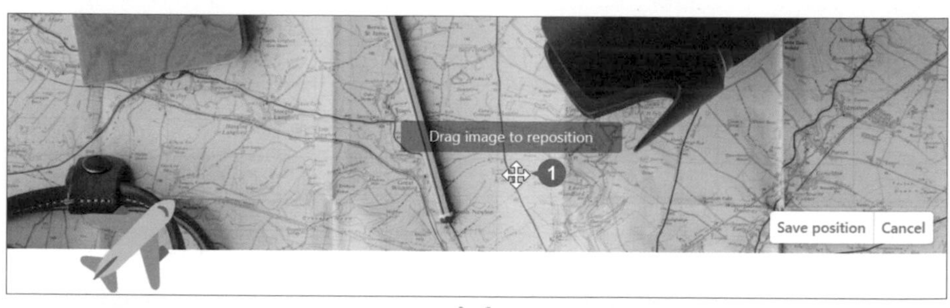

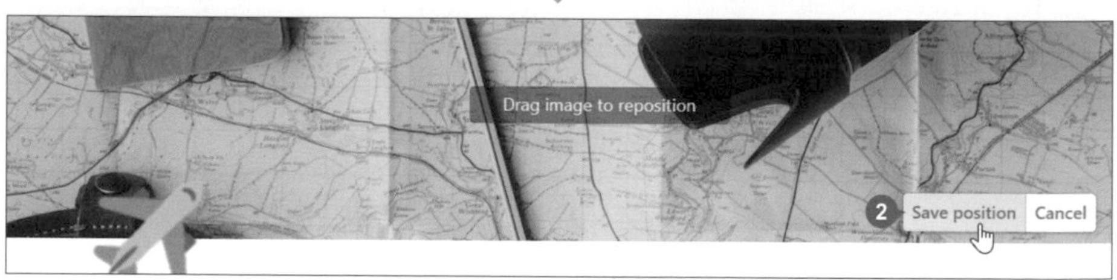

小提示

刪除小圖示或封面圖片

在圖示或封面圖片清單右上角選按 **Remove** 即可移除。

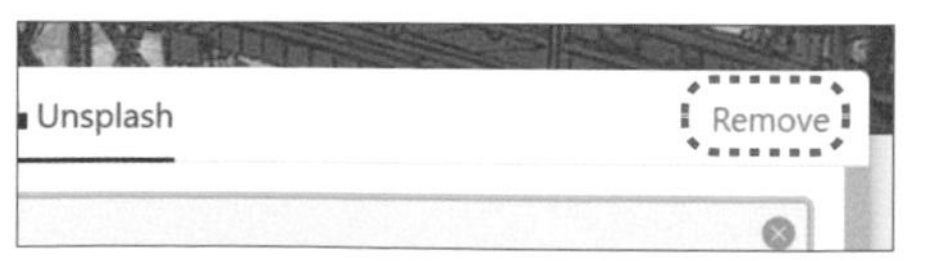

3 套用區塊樣式

輸入文字前可以先設定區塊樣式，這樣整份內容即可藉由樣式清楚的分辨標題、內文，或是編號項目。

✦ 標題樣式

Notion 中有 **Heading 1**、**Heading 2**、**Heading 3** 三種標題樣式，常用於顯示重要文字或標題。

step 01 頁面名稱下方按一下滑鼠左鍵，滑鼠指標移至區塊左側選按 [+]。

step 02 清單中選按 **Heading 3**，輸入「旅行資料」，按 Enter 鍵，文字會套用 Heading 3 樣式呈現。

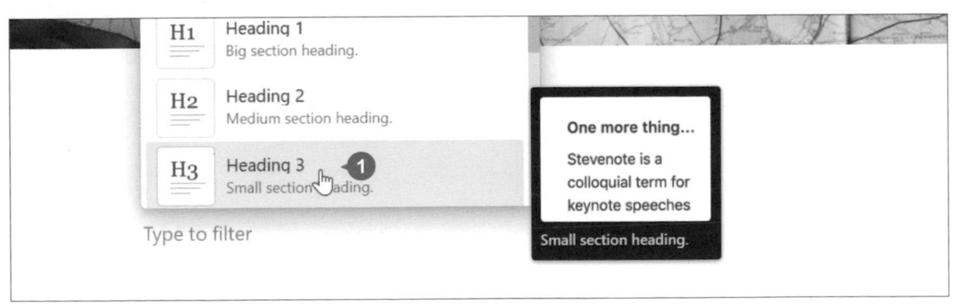

旅行筆記

旅行資料 2

Type '/' for commands

step 03 依相同方法，輸入另外二個 **Heading 3** 文字，分別是「日本旅遊注意事項」與「相關交通圖」。

旅行筆記

旅行資料

日本旅遊注意事項

相關交通圖

✦ 段落編號樣式

套用 **Numbered list** 樣式可以為文字加上編號，按 Enter 鍵會延續套用並以流水號呈現，如果想取消可按二下 Enter 鍵。

step 01 滑鼠指標移至 "旅行資料" 左側選按 ＋，清單中選按 **Numbered list**。

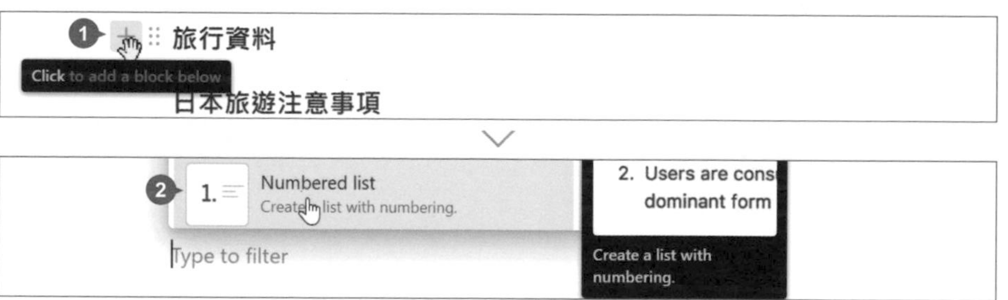

step 02 輸入「地點：日本關西大阪」，按 Enter 鍵，再分別輸入「時間：2023/5/20-2023/5/27」與「航空公司：JAL/日航」。

旅行資料

1. 地點：日本關西大阪
2. 時間：2023/5/20-2023/5/27
3. 航空公司：JAL/日航

✦ 項目符號樣式

套用 **Bulleted list** 樣式可以為文字加上項目符號，按 Enter 鍵會延續套用，如果想取消可按二下 Enter 鍵。

step 01 滑鼠指標移至 "相關交通圖" 左側選按 ＋，清單中選按 **Bulleted list**。

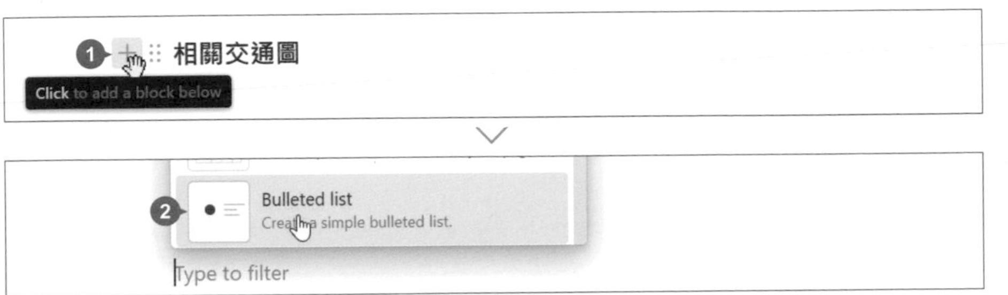

step 02 輸入「飯店1 - 淀屋橋京阪飯店」，按 Enter 鍵，再輸入「飯店2 - 大阪淀屋橋三井花園飯店」。

相關交通圖

- 飯店1 - 淀屋橋京阪飯店
- 飯店2 - 大阪淀屋橋三井花園飯店

小提示

新增樣式方法

新增段落樣式或清單中的物件，除了選按 ＋，也可以輸入「/」再選擇要加入樣式或物件，詳細操作可以參考 Part 04。

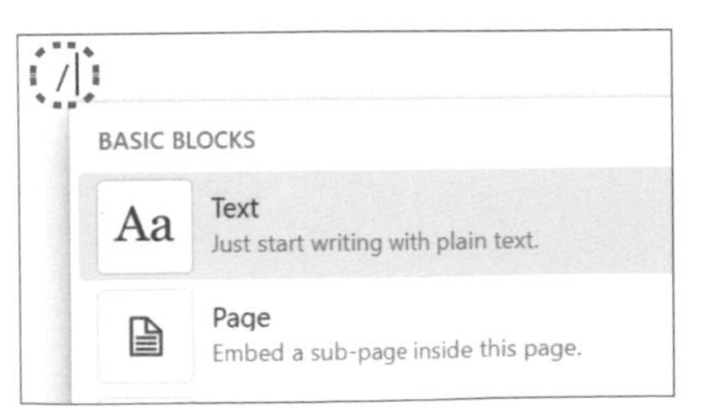

4 套用文字樣式

選取文字後，從自動顯示的工具列可以快速變更文字樣式：加粗、刪除線、顏色...等，用來標示資料重點。

✦ 粗體與底線

step 01　選取 "地點"，於上方工具列選按 B ，套用粗體。

step 02　在 "地點" 選取狀態下，於上方工具列選按 U 套用底線。

step 03　依相同方法，將 "時間" 及 "航空公司" 皆套用粗體與底線。

旅行資料

1. **地點**：日本關西大阪
2. **時間**：2023/5/20-2023/5/27
3. **航空公司**：JAL / 日航

✦ 顏色與底色

step 01 選取 "旅行資料"，於上方工具列選按 A，清單中 **BACKGROUND** 下方選擇合適底色套用。

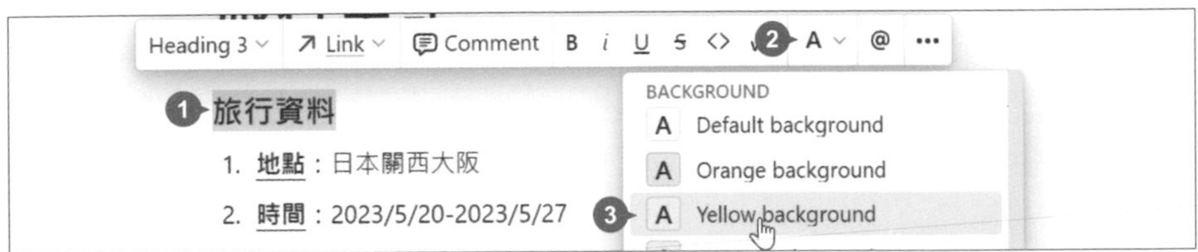

step 02 選取 "地點"，於上方工具列選按 A，清單中 **COLOR** 下方選擇合適文字顏色套用。

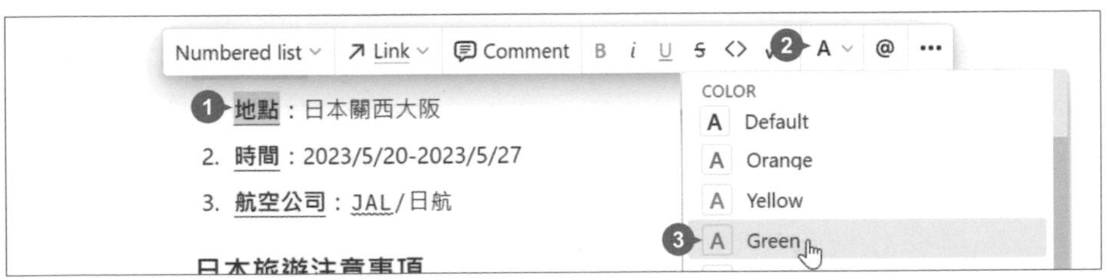

step 03 依相同方法，為 "時間" 及 "航空公司" 套用合適文字顏色，為 "日本旅遊注意事項" 及 "相關交通圖" 套用合適底色。

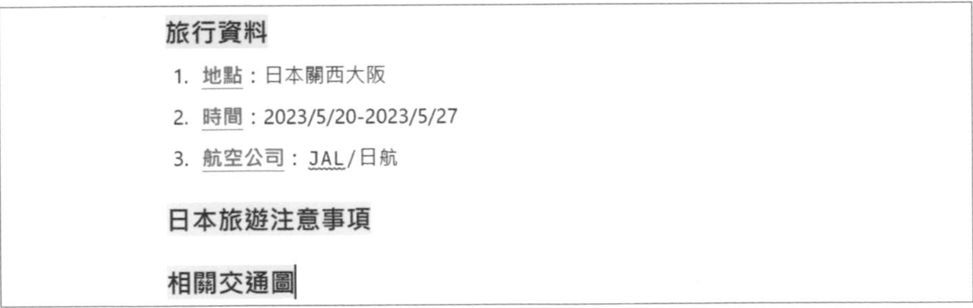

小提示

刪除文字底色或顏色

刪除文字底色，可選按 A > **Default background**；而刪除文字顏色，可選按 A > **Default** (預設為黑色)。

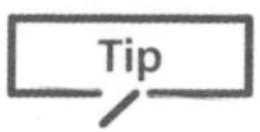

5 新增 Table (簡易表格)

文字、數值資料藉由簡易表格整理，可以方便輕鬆分類、更清楚呈現，也能比對相互關係，以下說明表格的相關操作。

✦ 插入表格

step 01 滑鼠指標移至 "日本旅遊注意事項" 左側選按 [+]，清單中選按 **Table**。

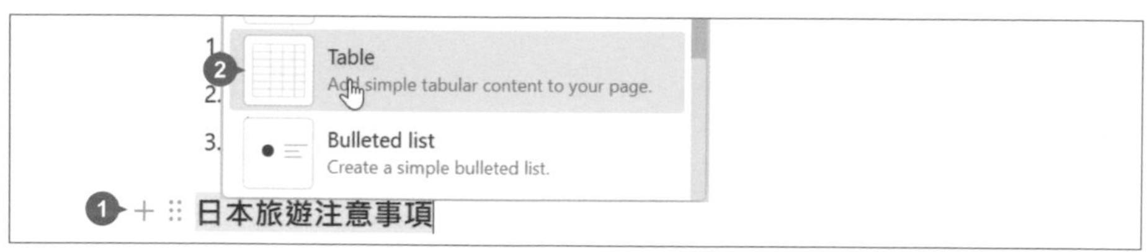

step 02 滑鼠指標移到表格右下角呈 ⤡，拖曳 ⊕ 至合適欄列數再放開滑鼠左鍵，此範例為建立 2 欄 4 列表格 (**2 × 4**)。

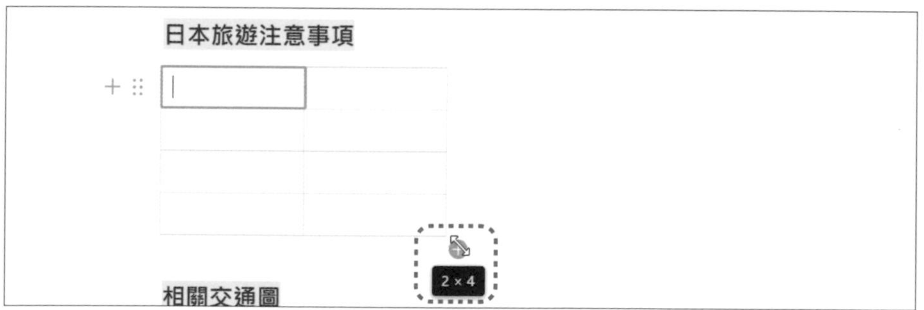

小提示

刪除欄或列

滑鼠指標移至欄上方或列左側選按 ⠿ > **Delete**，即可刪除欄或列。

✦ 輸入表格文字

step 01 選按要輸入文字的位置，在第 1 欄依序輸入「項目」、「交通」、「公共場合」、「飲食購物」，在第 2 欄第 1 列輸入「注意事項」。

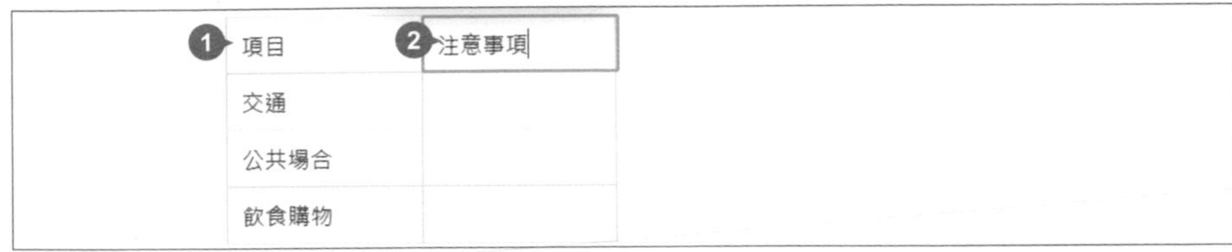

step 02 簡易表格中，若要於該欄同一列輸入多行文字，可按 Shift + Enter 鍵換行，參考下圖輸入相關內容。

項目	注意事項
交通	搭乘大眾運輸工具請排隊 設有女性專用車廂 自動手扶梯靠右靠左因地區而異 人行道上走對邊
公共場合	公共場合通常是不會使用手機。 如一定要使用須放低音量，簡短對話後盡快掛斷。 先詢問再拍照 不臨時取消預約
飲食購物	習慣使用零錢盤 吃飯不出聲、吃麵可出聲 盡量避免邊走邊吃

✦ 移動欄列

移動欄、列方式相似，在此以移動列示範。滑鼠指標移至列左側邊線，按住 ⠿ 拖曳至要移動的位置出現藍色線條，再放開滑鼠左鍵即可，此範例是將 "公共場合" 移至 "飲食購物" 下方。

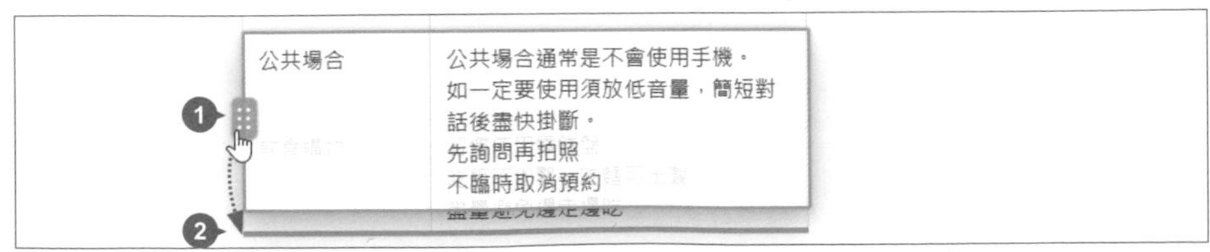

✦ 設定表格標題

滑鼠指標移至表格左側選按 ⁝⁝ 選取表格，右上角選按 **Options**，清單中選按 **Header column** 右側 ⚪ 呈 ⚪，標題欄會顯示灰色；開啟 **Header row** 則是標題列會顯示灰色 (於空白處按一下取消清單)。

✦ 標題套用粗體

選取 "項目"，於上方工具列選按 B，依相同方法把標題文字都套用粗體。

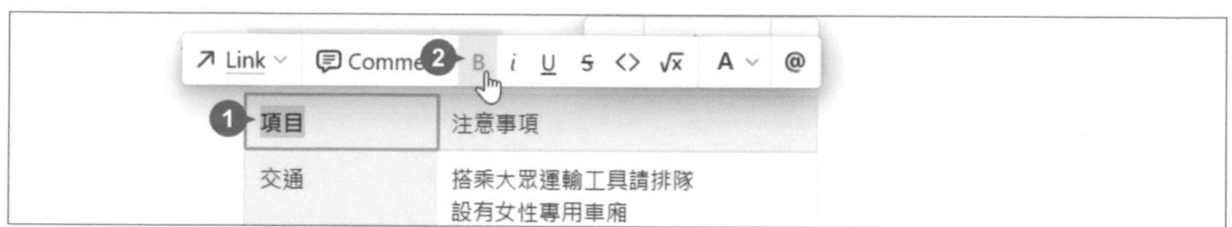

✦ 調整欄寬

滑鼠指標移至欄右側邊線呈 ⟷，拖曳至合適位置放開，即可調整欄位寬度。

✦ 套用欄色彩

滑鼠指標移至欄上方選按 ⠿ > **Color**，再選按 **BACKGROUND COLOR** 下方合適底色套用。

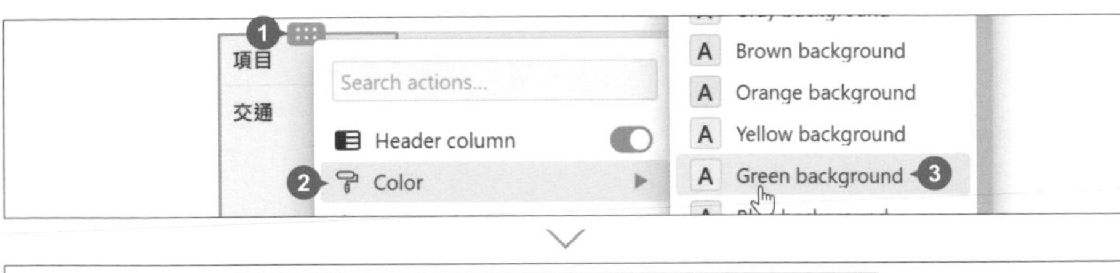

項目	注意事項
交通	搭乘大眾運輸工具請排隊 設有女性專用車廂 自動手扶梯靠右靠左因地區而異 人行道上走對邊
飲食購物	習慣使用零錢盤 吃飯不出聲、吃麵可出聲 盡量避免邊走邊吃
公共場合	公共場合通常是不會使用手機。 如一定要使用須放低音量，簡短對話後盡快掛斷。 先詢問再拍照 不臨時取消預約

小提示

套用與取消列色彩

滑鼠指標移至列左側按 ⠿ > **Color**，選按 **BACKGROUND COLOR** 下方合適底色。色彩套用會以欄為主，若欄沒有填色，列色彩才會顯示。若要取消色彩，可選按 **Color** > **Default background**。

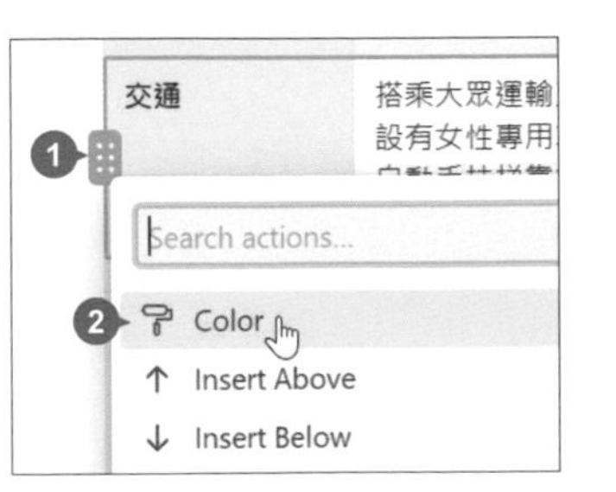

變更頁面字型與大小

Notion 頁面預設有三種字型可以選擇：**Default**、**Serif** 與 **Mono**，還可以縮小文字讓頁面顯示更多資料。

✦ 頁面字型

頁面右上角選按 ⋯，清單中 **STYLE** 有三種字型可以選擇，此範例選按 **Serif**。

✦ 縮小頁面文字

頁面右上角選按 ⋯ > **Small text** 右側 ⚪ 呈 ⚫，即可縮小頁面文字。

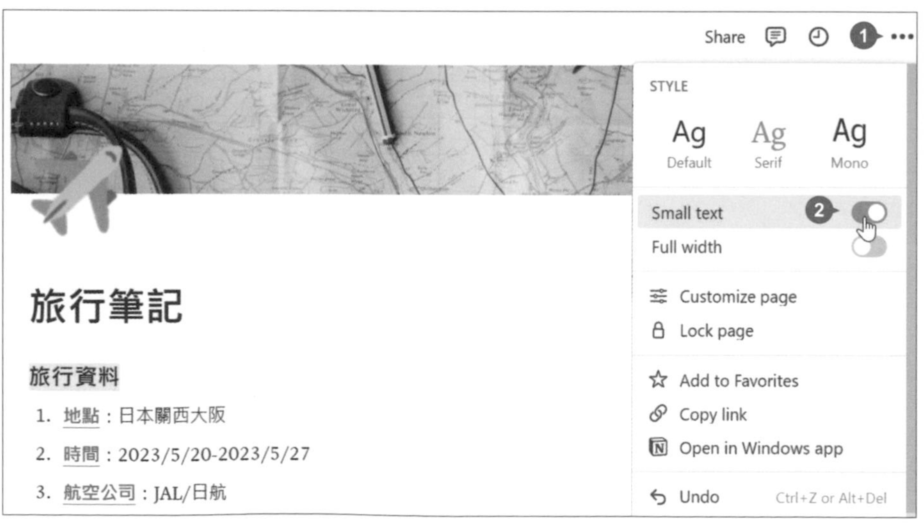

建立文字連結

為文字建立超連結，可以將一長串的網址，以更容易閱讀的方式顯示，並選按文字連結可直接以新頁面開啟。

step 01 選取要建立連結的文字，在上方工具列選按 **Link**，再於下方欄位輸入網址 (也可以複製、貼上)，按 Enter 鍵建立文字連結。

step 02 設定連結的文字顏色會比較淡，可於上方工具列選按合適文字顏色並套用粗體。

step 03 滑鼠指標移至連結文字上方，直接選按會以新頁面開啟網頁；若要修改或刪除連結可於下方出現的連結資訊列，選按最右側 **Edit**。

step 04 依相同方法完成 "飯店2" 連結。

- 飯店1 - 淀屋橋京阪飯店
- 飯店2 - 大阪淀屋橋三井花園飯店

https://www.gardenhotels.co.jp/osaka-yodo... Edit

8 加入 Google Maps 地圖

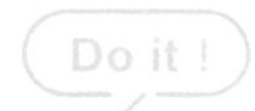

旅遊筆記頁面加入 Google Maps，不但方便隨時查看，還可以直接開啟 Google Maps 網頁查詢或規劃路徑。

step 01 於 Google Maps 網頁搜尋要加入頁面的位置，再複製網址列的網址。

step 02 回到 Notion 頁面，滑鼠指標移至 "飯店1" 左側選按 +，清單中選按 **Google Maps** (此選項於清單後段，**EMBEDS** 分類項下)。

step 03 於欄位按 Ctrl + V 貼上，再選按 **Embed Map**，即可插入地圖。

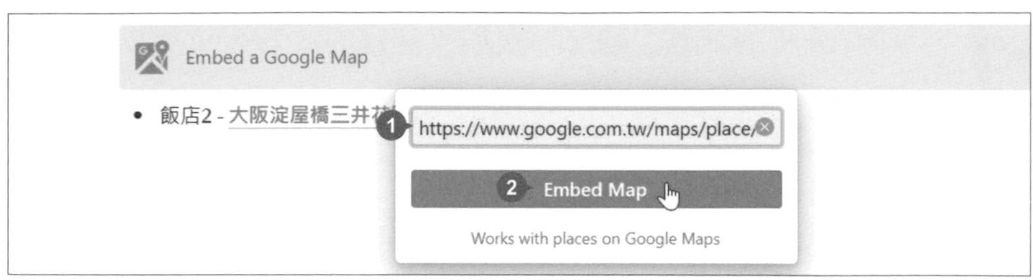

step 04 滑鼠指標移至地圖呈 ✋ 可拖曳顯示位置，拖曳四周控點可調整大小，地圖右下角 + 和 − 可縮放顯示比例。地圖右上角 💬 可新增註解、**Caption** 可新增圖片說明、**Original** 可開啟 **Google Maps** 網頁。

step 05 依相同方法，於 "飯店2" 下方插入飯店的 Google Maps 地圖 (網址：https://www.gardenhotels.co.jp/osaka-yodoyabashi/tw/)。

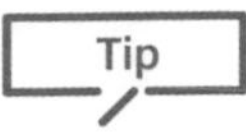

9 分享頁面與權限設定

頁面分享的方式有二種，一是讓有連結的人都可以開啟，另外也可以只分享給指定帳號，再分別設定開啟的權限。

✦ 分享頁面連結

step 01 頁面右上角選按 **Share > Share to web** 右側 ◯ 呈 ◯，再選按 Show link options。

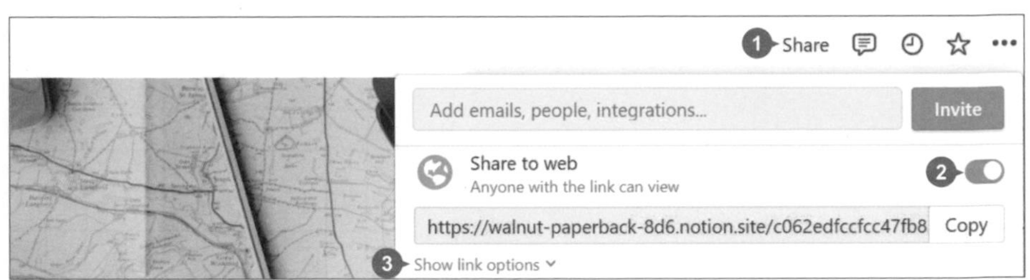

step 02 於下方設定開啟權限 (權限功能說明如下表)，再選按網址右側 **Copy** 複製，即可分享此頁面。

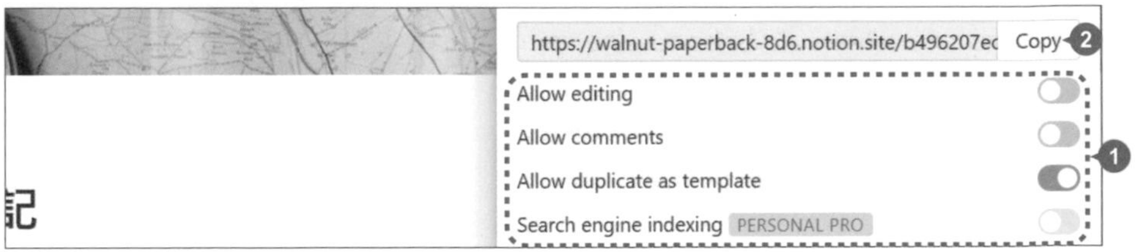

功能名稱	開啟權限
Allow editing	可以編輯
Allow comments	可以加註解
Allow duplicate as template	可複製此頁面至自己的帳號
Allow Search engine indexing (付費功能)	網路搜尋引擎可搜尋到此頁面

✦ 分享頁面給指定帳號

頁面如果要分享給特定帳號，可以指定帳號與權限。

step 01 頁面右上角選按 **Share**，再選按下方欄位。

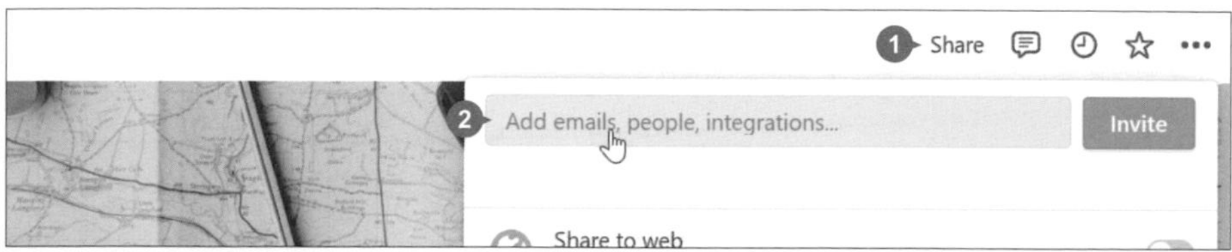

step 02 輸入帳號 email 或名稱，於下方選按該帳號，再設定權限 (權限功能說明如下表)，最後選按 **Invite**，即可讓該帳號進入此頁面。

功能名稱	開啟權限
Full access (付費功能)	可以編輯與分享給其他帳號
Can edit	可以編輯
Can comment	可以加註解
Can view	只能查看

step 03 完成設定後，於頁面右上角選按 **Share** 就可以在下方看到分享的帳號，也可以在帳號右側修改權限 (選按 **Remove** 即可刪除分享)。

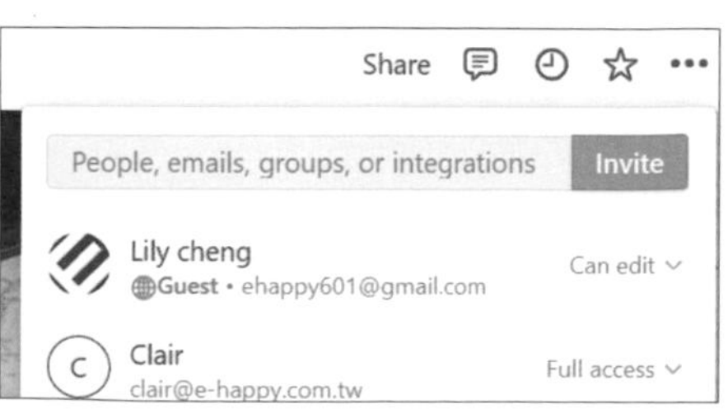

Tip

10 設定我的最愛與查看頁面編輯紀錄

將常用頁面新增到 FAVORITES (我的最愛) 清單中，方便快速查找；另外若誤更動到重要資料可開啟頁面編輯紀錄查看。

✦ 我的最愛

頁面右上角選按 ☆ 呈 ★，此頁面會顯示在側邊欄 **FAVORITES** 下方，再選按 ★ 即可取消。

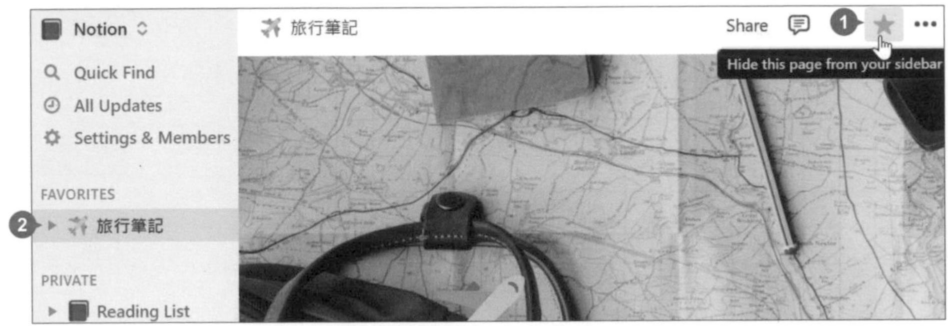

✦ 頁面編輯紀錄

頁面右上角選按 ⊙ 即可開啟編輯紀錄查看，若為 Notion 付費帳號，可以選按紀錄項目，回復至之前的版本。

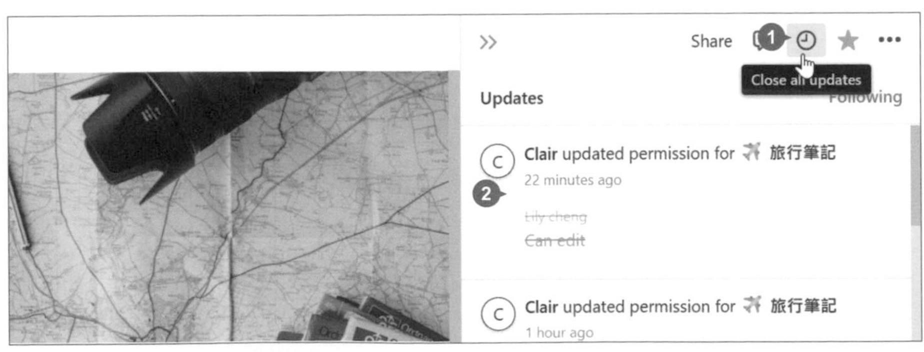

PART

03

閱讀書單

區塊設定與自訂範本

單元重點

匯入 Word 文件佈置初始資料，藉由文字轉換、分隔線、標註、圖片及多欄式排版美化頁面，再以自訂樣版加速其他書單頁面建立。

☑ 輕鬆匯入 Word 文件

☑ 轉換為標題

☑ 轉換為待辦清單

☑ 轉換為折疊標題

☑ 轉換為引言

☑ 有條理的整理頁面資料

☑ 圖片插入與大小調整

☑ 多欄式排版

☑ 折疊列表內容

☑ 調整頁面寬度

☑ 建立與編輯範本

Notion 學習地圖 \ 各章學習資源

作品：**Part 03 閱讀書單 - 區塊設定與自訂範本 \ 單元學習檔案**

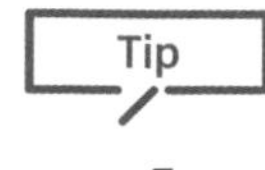

1 輕鬆匯入 Word 文件

快速將 Word 文件轉換成 Notion 頁面，省去重新輸入，頁面名稱不僅自動以檔案名稱顯示，內容還會依 Word 段落呈現。

step 01 側邊欄選按 **+ Add a page** 新增頁面，接著選按 **Import**。

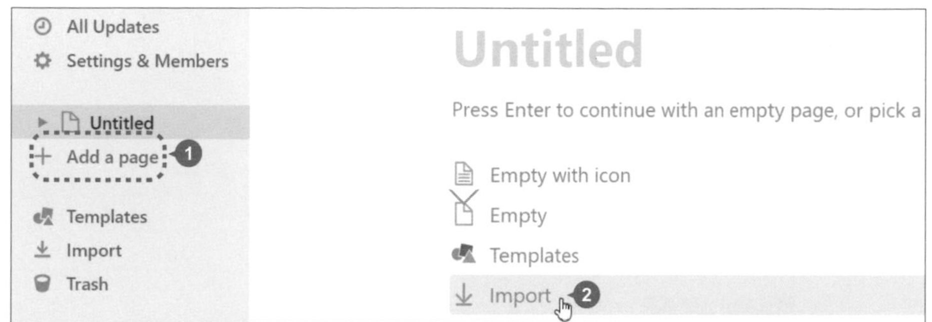

step 02 視窗中選按 **Word** 開啟對話方塊，選按與開啟欲匯入的 Word 檔案，即匯入內容。

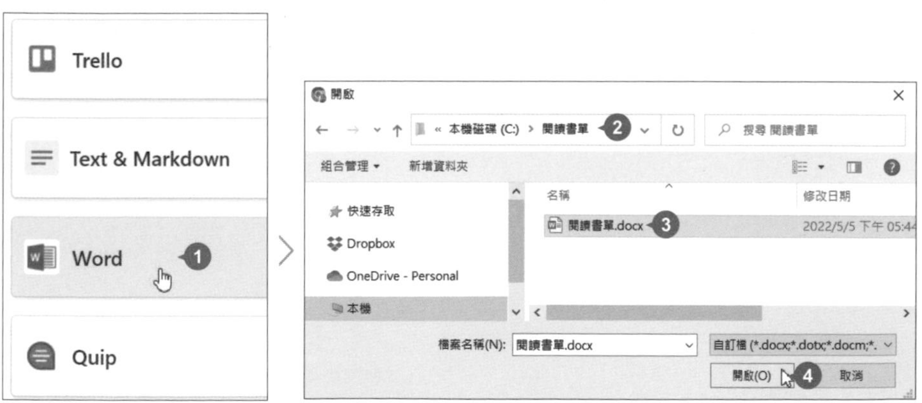

step 03 可自行佈置頁面上方的封面圖片與圖示 (可參考 P2-4~P2-5 操作)。

2 快速轉換樣式

匯入的 Word 文件，如果想將文字套用標題、待辦清單、引言...等樣式時，可利用 **Turn into** 功能快速轉換。

✦ 轉換為標題

滑鼠指標移至 "閱讀目標" 左側選按 ⠿ > **Turn into** > **Heading 3**，轉換成標題 3。

✦ 轉換為待辦清單

利用 **To-do list** (待辦清單) 將需要處理的事情條列清單，並藉由核選方塊確認完成的狀況，能有效提升工作效率。

選取 "完成閱讀"、"心得整理"、"與家人或朋友分享"，滑鼠指標移至任一區塊左側選按 ⠿ > **Turn into** > **To-do list**，轉換成待辦清單。

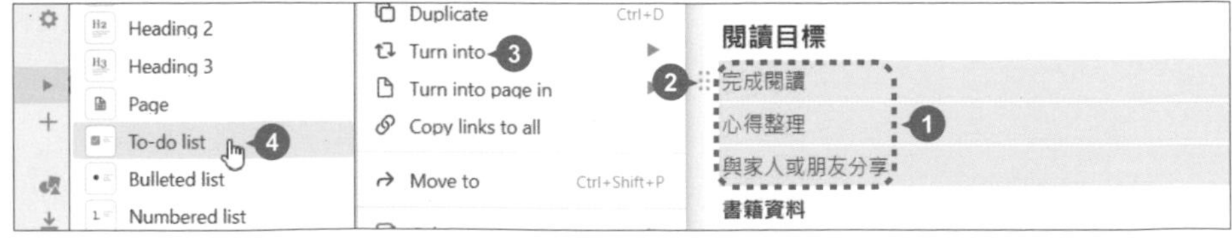

閱讀目標

☐ 完成閱讀

☐ 心得整理

☐ 與家人或朋友分享

書籍資料

✦ 利用折疊標題收納內容

頁面內容過長且複雜，會導致訊息量過多而展示不易，可以透過折疊收納內容，僅顯示標題文字就好。

step 01 滑鼠指標移至 "書籍資料" 左側選按 ⋮⋮ > **Turn into** > **Toggle heading 3**，轉換成折疊標題 3。

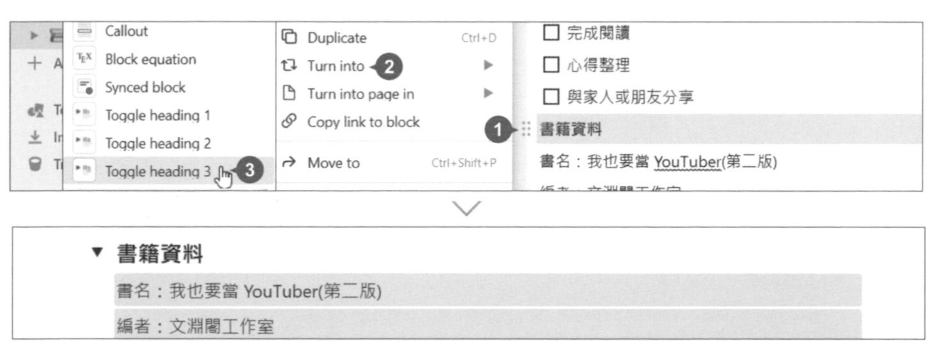

step 02 滑鼠指標至 "學習資源" 左側按一下，將輸入線移到此區塊，按 Shift + Tab 鍵減少縮排，再依 Step01 方法轉換為 **Toggle heading 3**。

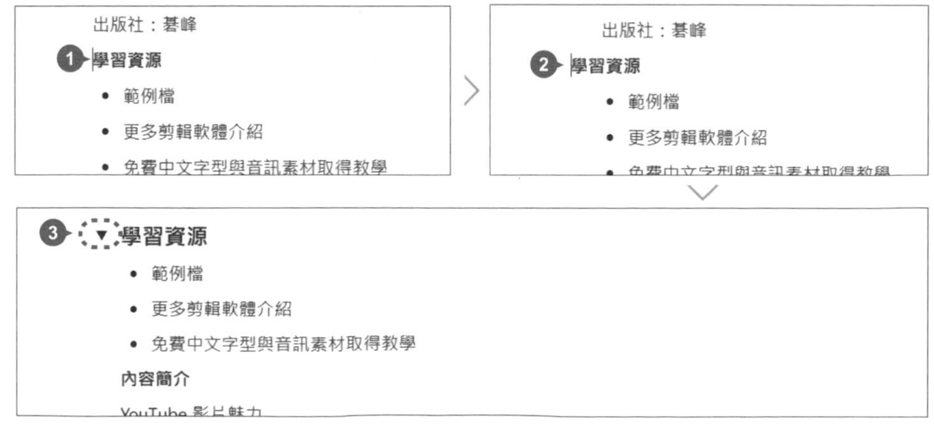

step 03 依相同方法，將 "內容簡介"、"章節內容" 與 "心得整理" 轉換為 **Toggle heading 3**。

▼ **學習資源**

- 範例檔
- 更多剪輯軟體介紹
- 免費中文字型與音訊素材取得教學

▼ **內容簡介**

YouTube 影片魅力

自媒體時代，你也可以成為 YouTuber！

新世代的夢想行業YouTuber、直播主、業配到底是什麼？如何開始與維持？當正職容易嗎？拍拍影片就可以嗎？本書讓你一次了解YouTuber全貌，從心法到實戰全面解秘。不管是才想入行或是入行了還在摸索的你，不用跌跌撞撞自己來，輕鬆當YouTuber，朝夢想出擊！

▼ **章節內容**

Part 01 想成為YouTuber，你也可以是自媒體

Part 02 想點子與拍片前要了解的事

Part 03 YouTube頻道建置與優化

Part 04 線上影片剪輯與管理

Part 05 用直播提升粉絲熱度

Part 06 免費剪輯軟體讓影片更吸睛

Part 07 分析流量就能了解頻道成效

Part 08 提升曝光度與搜尋排名創造更高訂閱率

Part 08 提升曝光度與搜尋排名創造更高訂閱率

Part 09 入行前要先知道的Q&A

▼ **心得整理**

YouTuber 的出現，讓拍影片儼然成為一種全民運動。影片創意發想、收集素材、腳本編寫、到

關於 Bulleted list (項目符號)

Word 文件中，文字若已套用項目符號，匯入到 Notion 頁面時會以 **Bulleted list** (項目符號) 預設樣式 (**Disc**) 顯示 (如範例中 "學習資源" 下方內容)，滑鼠指標移至該區塊左側選按 ⋮⋮ > **List format**，清單中另外提供二種樣式 **Circle** (圓圈)、**Square** (正方形) 可更換。

✦ 轉換為引言

Quote (引言) 較常出現在文章開端，可能是引用他人所言，或其他文章摘錄。

step 01 依下圖選取 "內容簡介" 下方文字，滑鼠指標移至任一區塊左側選按 ⠿ > **Turn into** > **Quote**，轉換成引言。

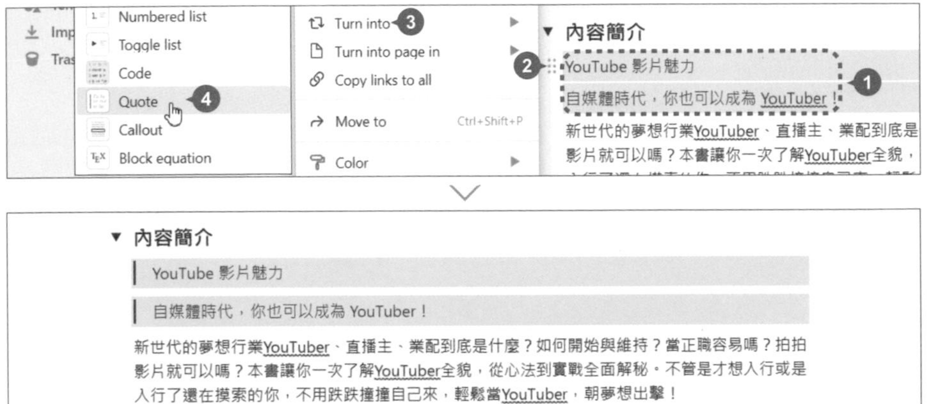

step 02 選取文字狀態下，於上方工具列選按 B，套用粗體效果；接著選按 A，清單中選按合適顏色。

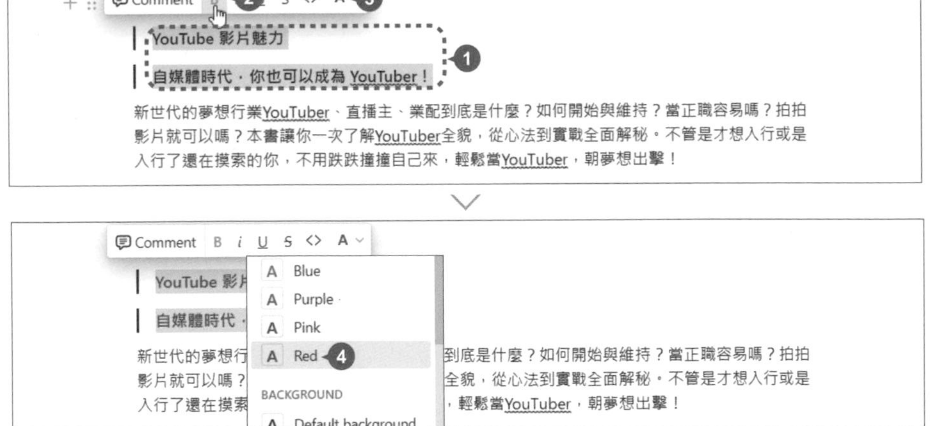

有條理的整理頁面資料

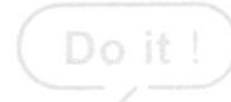

Divider (分隔線) 常用於區隔不同區塊，讓頁面內容整潔有條理；**Callout** (標註) 則是藉由圖示與底色方框來標示重點。

✦ 新增分隔線

滑鼠指標移至 "與家人..." 左側選按 ＋ > **Divider**，在下方插入分隔線。

✦ 新增標註內容

step 01 滑鼠指標移至分隔線下方新增的空白區塊左側，選按 ＋ > **Callout**，插入標註。

Import
Trash
Type '/' for commands
Link to page
Link to an existing page.
Callout
Make writing stand out.
書籍資料
書名：我也要當 YouTuber(第二版)
編者：文淵閣工作室
與家人或朋友分享
Type something...

step 02 選按標註圖示顯示 **Emoji** 清單，選按合適圖示，然後輸入文字。

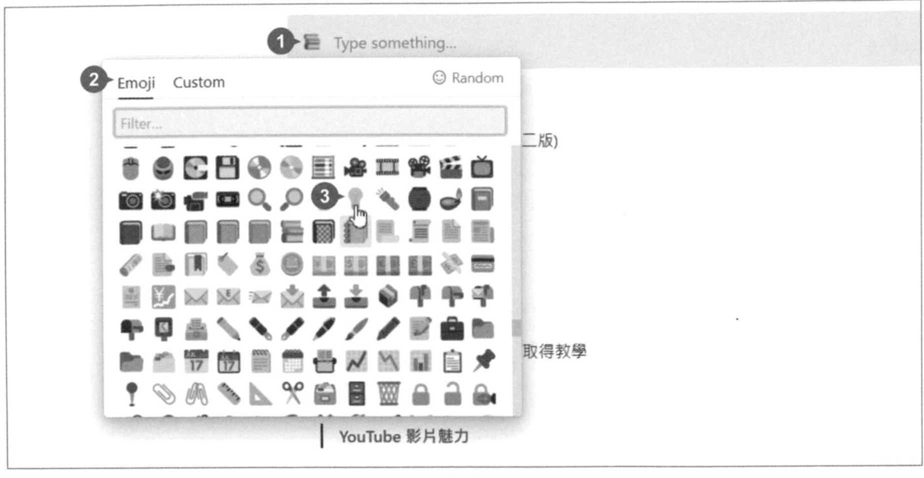

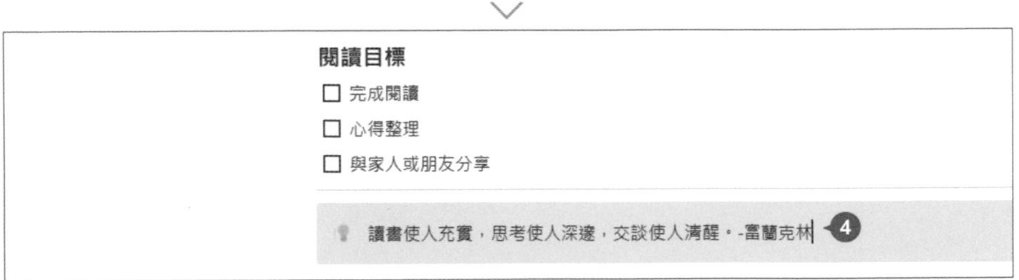

step 03 設定區塊底色，滑鼠指標移至標註左側選按 ⠿ > **Color** > **Red background**，套用背景顏色。

4 圖片插入與大小調整

Notion 可以輕鬆插入本機圖片、網路以及 **Unsplash** 高品質圖庫圖片，並調整大小和安排位置。

頁面中要插入的圖片格式可以為 JPG、PNG、GIF...等，檔案大小則限制在 5 MB 以下。

step 01 滑鼠指標移至 "出版社..." 左側選按 ＋ > **Image**，接著於 **Upload** 選按 **Choose an image** 開啟對話方塊，選按與開啟要插入的檔案。

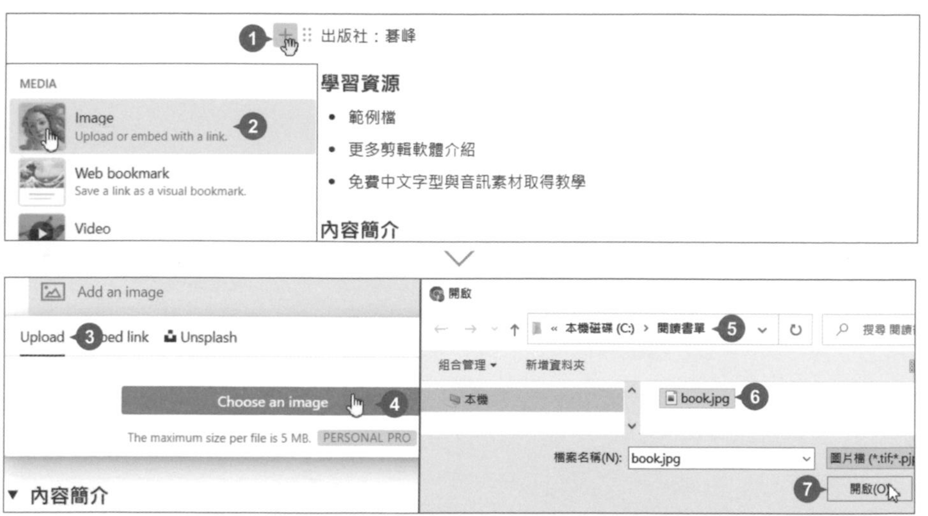

step 02 滑鼠指標移至圖片右側邊框呈 ⟺，左右拖曳等比例來調整圖片大小。

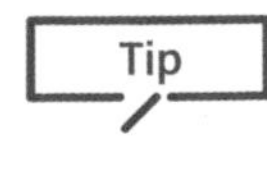

多欄式排版

Notion 頁面是由區塊組合而成，可以拖曳區塊自由調整頁面編排，形成二欄甚至是多欄的呈現方式。

step 01 將 "閱讀目標" 下方三個待辦事項，調整成三欄。滑鼠指標移至 "心得整理" 左側，按住 ⠿ 不放拖曳至 "完成閱讀" 最右側出現藍色線條，再放開滑鼠左鍵。

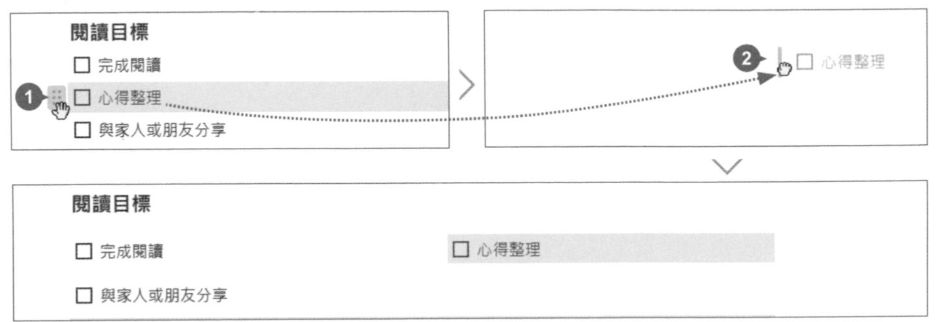

step 02 依相同方法，將 "與家人..." 區塊拖曳至 "心得整理" 最右側，形成三欄呈現方式。

閱讀書單

閱讀目標

完成閱讀	心得整理	與家人或朋友分享

小提示

快速的轉換為 Column (多欄式區塊)

在選取區塊狀態下 (最多五個)，滑鼠指標移至任一區塊左側選按 > **Turn into** > **Columns**，即會依選取區塊數量轉換成二至五欄式排版。

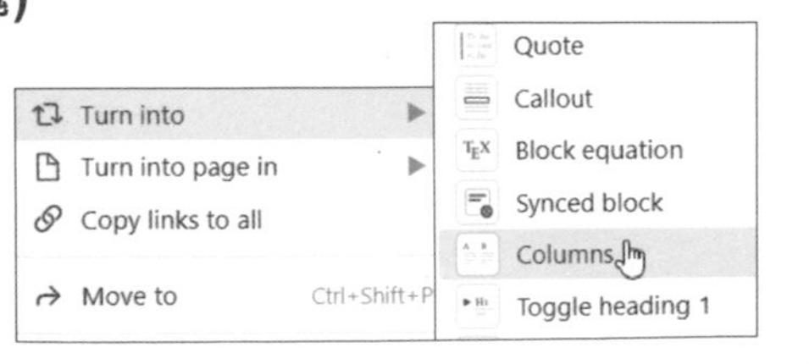

6 折疊列表內容以多欄式排版

折疊列表內容如果有圖片或其他物件，無法透過拖曳或轉換成 **Column** (多欄式區塊) 方式形成多欄排版時，可參考下方操作。

✦ 轉換成頁面與多欄

step 01 滑鼠指標移至 "書籍資料" 左側選按 ⠿ > **Turn into** > **Page**，轉換成頁面，接著選按文字連結進入該頁面。

閱讀目標

☐ 完成閱讀 ☐ 心得整理 ☐ 與家人或朋友分享

讀書使人充實，思考使人深邃，交談使人清醒。-富蘭克林

書籍資料

▼ 學習資源

- 範例檔
- 更多剪輯軟體介紹
- 免費中文字型與音訊素材取得教學

step 02 將 "書籍資料" 頁面調整成二欄：滑鼠指標移至書籍封面圖左側，按住 ⠿ 不放拖曳至 "書名：..." 最右側出現藍色線條，放開滑鼠左鍵，完成二欄排列。

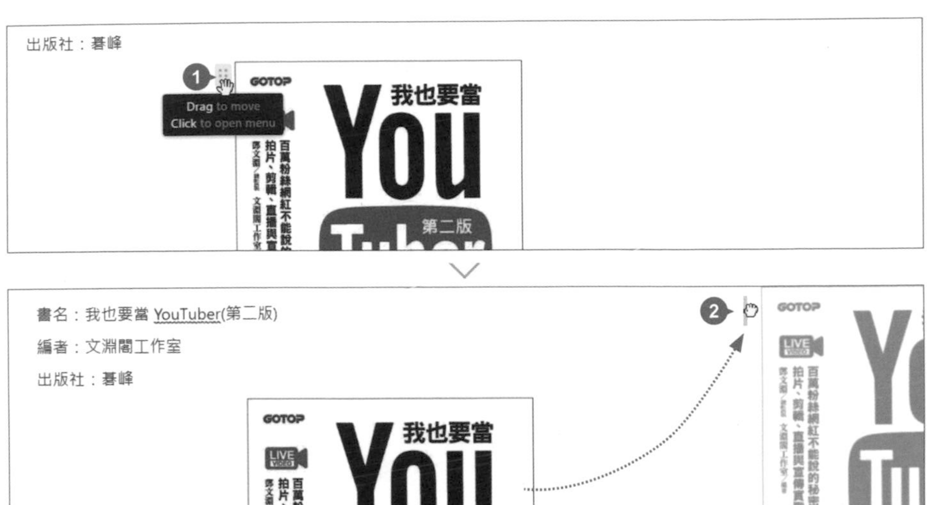

step 03 選取 "編者：..." 與 "出版社：..." 二段文字，滑鼠指標移至任一區塊左側，按住 ⠿ 不放拖曳至 "書名：..." 下方出現藍色線條，再放開滑鼠左鍵，完成區塊移動。

✦ 頁面轉換回折疊標題

選按頁面左上角連結返回 **閱讀書單**，滑鼠指標移至 "書籍資料" 左側選按 ⋮⋮ > **Turn into** > **Toggle heading 3**，轉換回折疊標題 3，完成折疊列表內容以多欄式排版的設計。

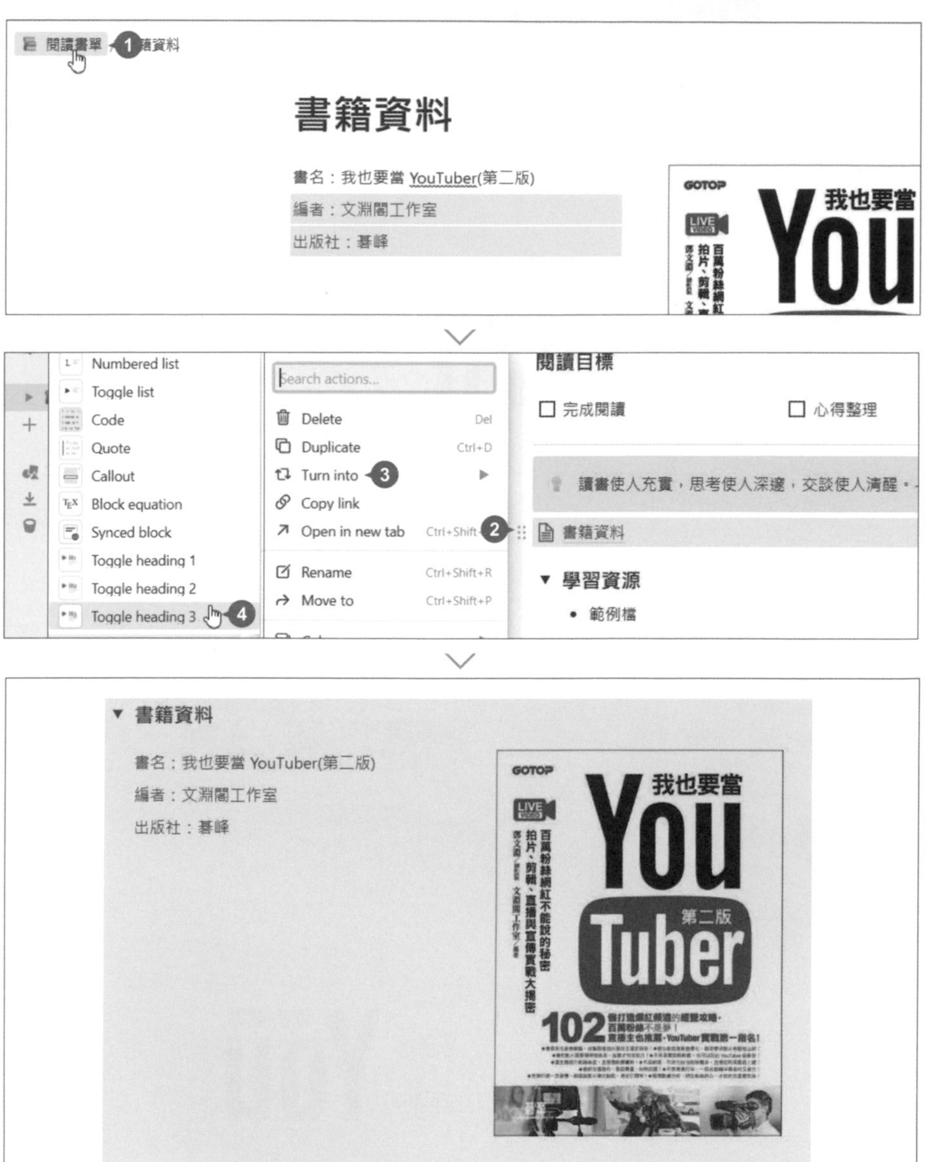

7 調整頁面寬度

如果頁面以多欄式排版時，可以加寬編輯範圍，讓內容看起來不會過於擁擠。

頁面右上角選按 ··· > **Full width** 右側 ● 呈 ● (於空白處按一下取消清單)。

頁面寬度即由預設的窄版，調整為寬版。

8 自訂專屬 Notion 範本

常會重複使用的主題架構或單元頁面，可以藉由 **Template Button** 建立範本按鈕，快速產生整頁式範本。

✦ 複製範本頁面

Template Button 範本按鈕的建置方式有二種，一種是設定時直接拖曳之前做好的頁面至 **Template** 設定區成為範本架構；另一種則是設定時於 **Template** 設定區重新設計範本內容或架構。

在此示範第一種做法，先複製想要成為範本的頁面，再於設定範本按鈕時使用。

step 01 建立範本前，為了不要動到製作好的頁面，先進行複製動作。滑鼠指標移至側邊欄頁面名稱右側，選按 ··· > **Duplicate** 複製頁面。

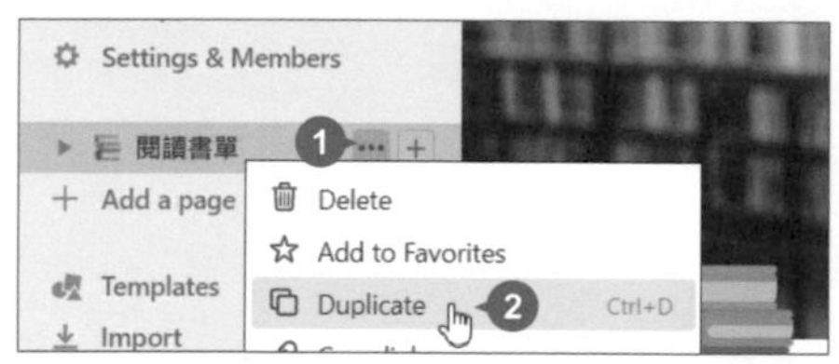

step 02 滑鼠指標移至複製的頁面名稱右側，選按 ··· > **Rename**，重新輸入一個易於辨識的名稱，按 Enter 鍵。

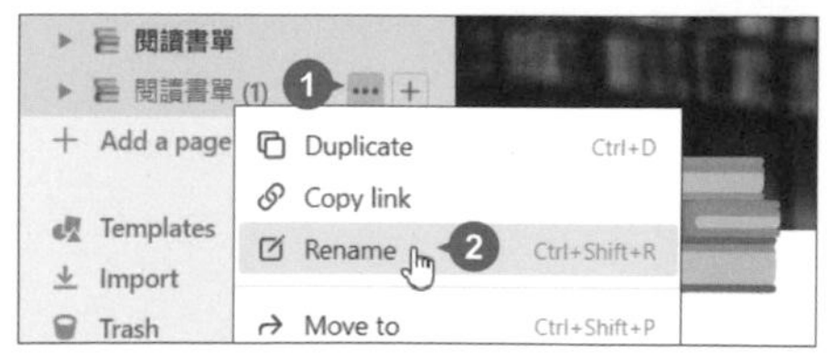

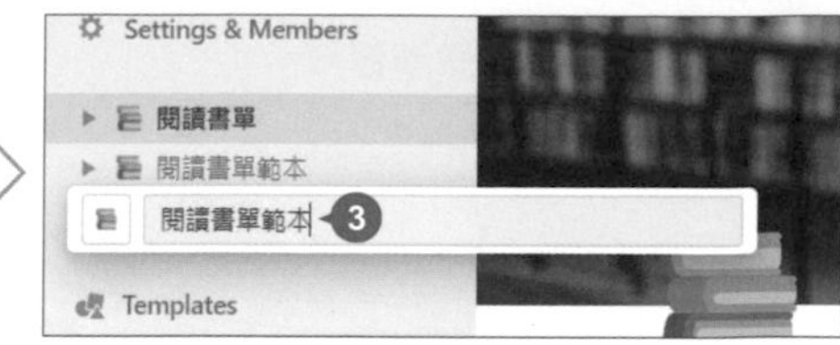

✦ 建立範本按鈕

step 01 側邊欄選按 **+ Add a page** 新增頁面，接著選按 **Untitled**，輸入頁面名稱後按 Enter 鍵。

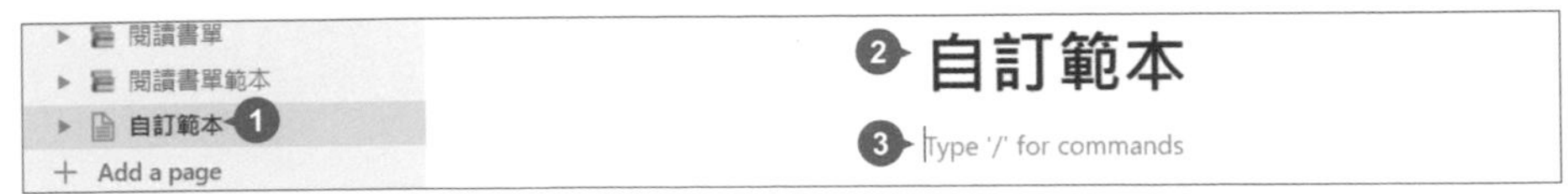

step 02 滑鼠指標移至空白區塊左側選按 + > **Template button**，於設定畫面中 **Button name** 設定區輸入按鈕名稱，將滑鼠指標移至 **Template** 設定區的 **To-do** 區塊左側選按 ⠿ > **Delete**。

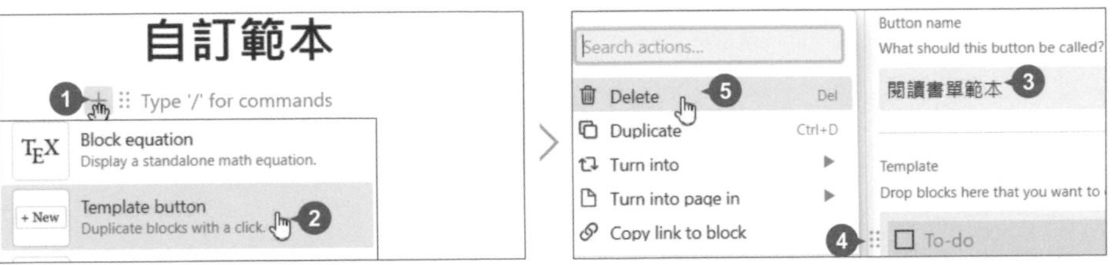

step 03 側邊欄拖曳 **閱讀書單範本** 至 **Template** 下方區塊 (藍色粗線顯示在上方) 後，按 **Close** 完成自訂範本建立。

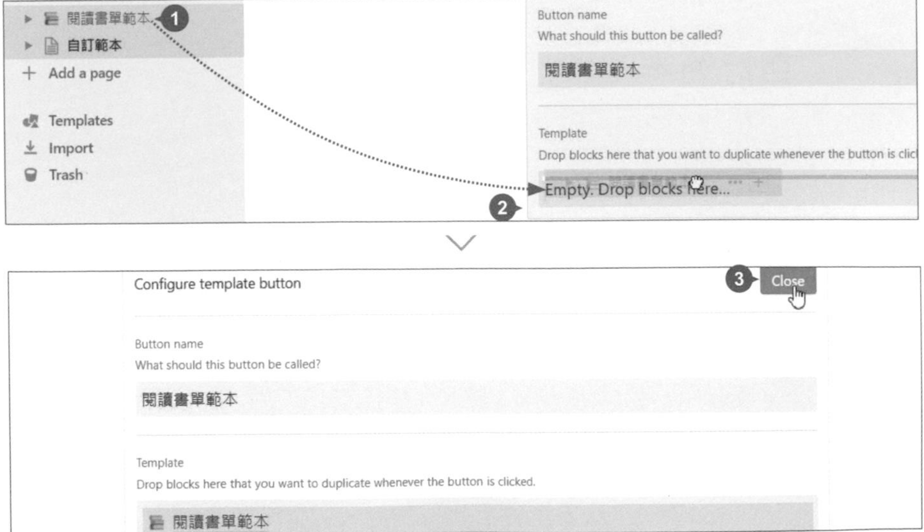

✦ 利用按鈕產生範本頁面

按下 **Template Button** 範本按鈕 (此範例為 **+閱讀書單範本**)，自訂範本會以新頁面的型態產生在該按鈕所在頁面，可以依範本架構編修內容，加快頁面資料建置速度，也可再於側邊欄移動頁面至合適的單元擺放。

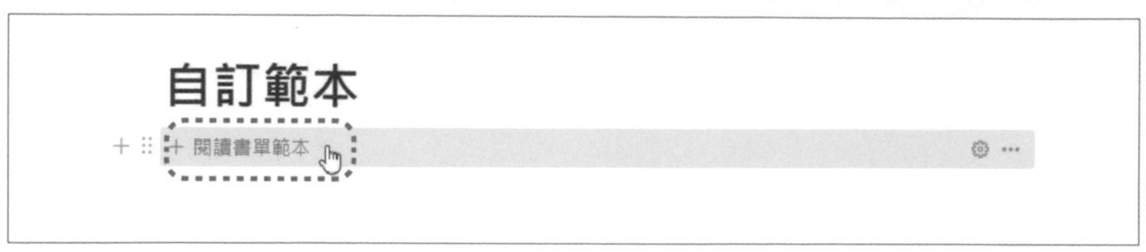

✦ 編輯範本

想要調整範本內容時，回到範本按鈕所在頁面，於範本按鈕 (此範例為 **+閱讀書單範本**) 右側選按 ⚙ 展開設定，選按範本即可開啟該頁面編輯 (編輯後會自動儲存)。

PART 04

差旅費記錄

資料庫應用

單元重點

Notion 資料庫與前面練習過的頁面資料建立、表格設置...等，稍有不同，能更靈活的整併資料與數據，同時以多種檢視模式呈現。

- ☑ 新增資料庫
- ☑ 打造資料屬性
- ☑ 套用屬性類型
- ☑ 為資料庫增填資料
- ☑ 設定日期資料格式
- ☑ 設定數值資料格式
- ☑ 計算數值
- ☑ Formula 公式
- ☑ Calculate 資料計算
- ☑ 資料庫的多種檢視模式
- ☑ Table 檢視模式與分組
- ☑ Board 檢視模式與分組
- ☑ 篩選與排序分組管理

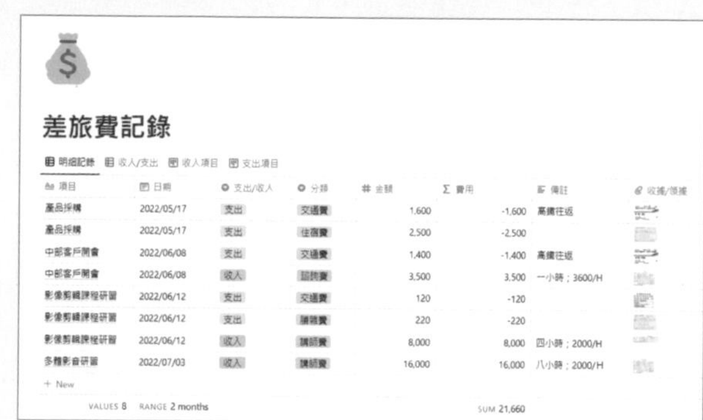

差旅費記錄

明細記錄　收入/支出　收入項目　支出項目

項目	日期	支出/收入	分類	金額	費用	備註	收據/領據
產品採購	2022/05/17	支出	交通費	1,600	-1,600	高鐵往返	
產品採購	2022/05/17	支出	住宿費	2,500	-2,500		
中部客戶開會	2022/06/08	支出	交通費	1,400	-1,400	高鐵往返	
中部客戶開會	2022/06/08	收入	諮詢費	3,500	3,500	一小時；3600/H	
影像剪輯課程研習	2022/06/12	支出	交通費	120	-120		
影像剪輯課程研習	2022/06/12	支出	膳雜費	220	-220		
影像剪輯課程研習	2022/06/12	收入	講師費	8,000	8,000	四小時；2000/H	
多媒影音研習	2022/07/03	收入	講師費	16,000	16,000	八小時；2000/H	
+ New							
	VALUES 8	RANGE 2 months			SUM 21,660		

Notion 學習地圖 \ 各章學習資源

作品：Part 04 差旅費記錄 - 資料庫應用 \ 單元學習檔案

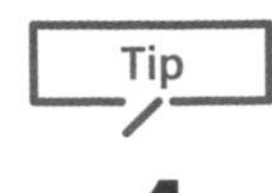

1 新增資料庫

想查看特定主題或未完成的事項？Database (資料庫) 與表格相似，但可以更精準的設定屬性與屬性類型，提升資料正確性與應用。

側邊欄選按 **+ Add a page** 新增頁面。

step 02

選按 **Untitled** 輸入頁面名稱「差旅費記錄」，接著將滑鼠指標移至頁面名稱上方，選按 **Add icon**，為頁面加入合適圖示。

step 03

頁面名稱下方按一下滑鼠左鍵，輸入「/database」，選按 **Database-Inline**，即可於頁面該行中新增一個行內資料庫。

step 04 資料庫中選按 **Untitled** 輸入資料庫名稱「明細記錄」。

step 05 為了方便後續設定，將頁面調整為寬版檢視：頁面右上角選按 ⋯ > **Full Width** 右側 ⚪ 呈 ⚪ (可於空白處按一下取消清單)。

小提示

Database Inline 與 Full page 的差異？

- **Database-Inline** (行內資料庫)：機動性高，能隨時建立在任一頁面中；並可於同一頁面，在其上方或下方增加文字、圖片、資料庫...等。
- **Database-Full page** (整頁資料庫)：該頁面中就只有這個資料庫，無法在其上方或下方增加文字、圖片或其他資料庫...等。

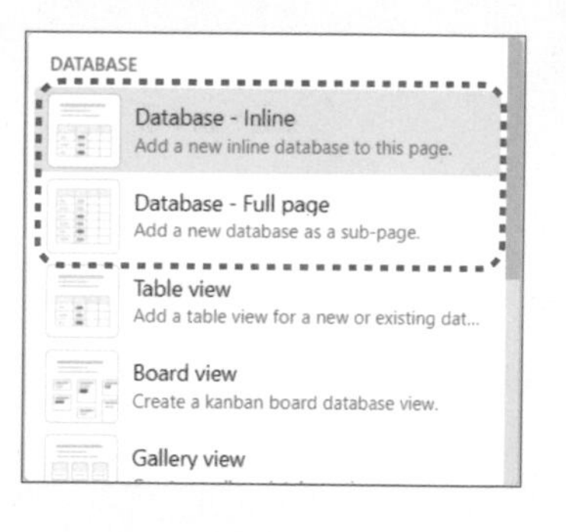

打造資料屬性與屬性類型

"差旅費記錄" 中，Database (資料庫) 需建立八個屬性，分別為：項目、日期、支出/收入、分類、金額、費用、備註、收據/領據。

✦ 增加屬性與列

新資料庫中預設建置了二個屬性 (Property；相似於表格的 "欄") 與三筆列，選按右側 **+** 可於最右側新增一個屬性，選按下方 **+** 可於最下方新增一列。

✦ 調整屬性名稱、類型

預設的 "Name" 類型為 Aa **(Title)**，是資料庫中唯一無法改變類型的屬性項目，後續填入的資料則會依其名稱成為一個頁面，可以開啟編輯。

step 01 於預設 "Name" 屬性名稱上按一下滑鼠左鍵，選按 **Edit property**。**Edit property** 窗格中輸入名稱「項目」。

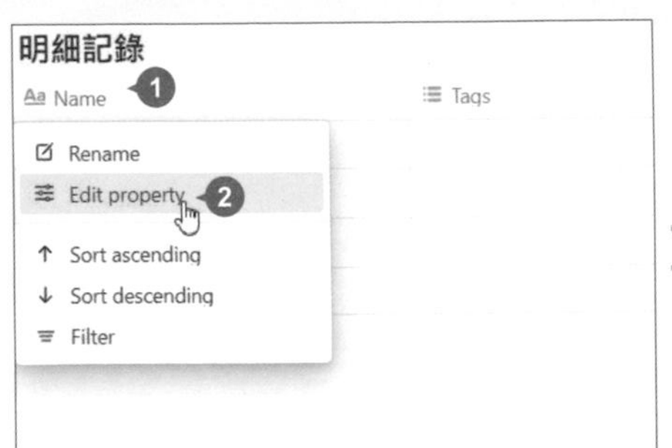

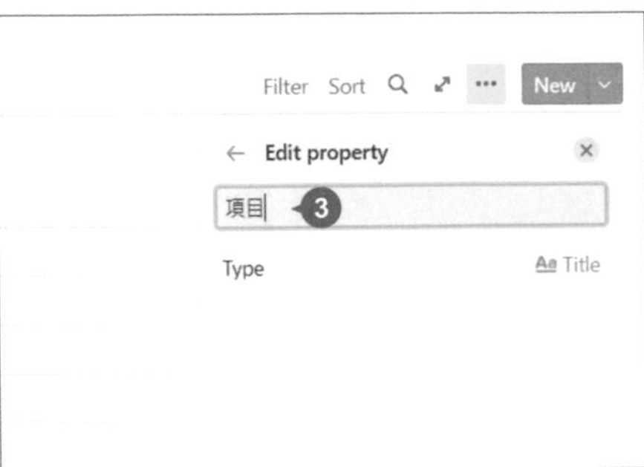

step 02 於預設 "Tags" 上按一下滑鼠左鍵，選按 **Edit property**。**Edit property** 窗格中輸入屬性名稱「日期」，再指定 **Type** 為 **Date**。

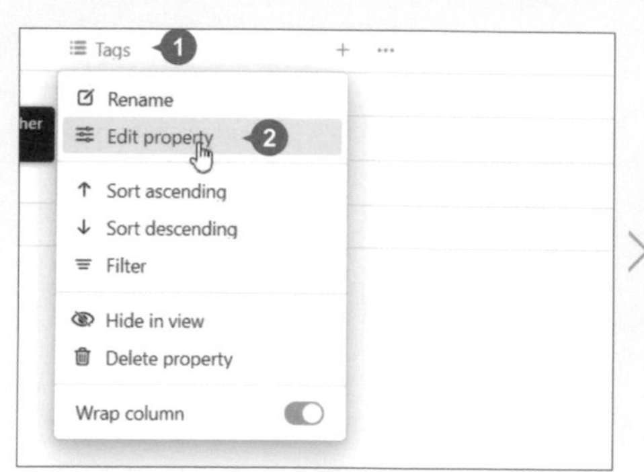

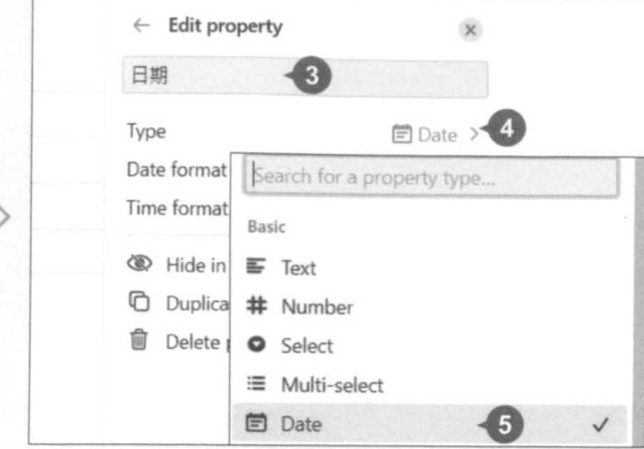

小提示

關於資料庫屬性的 Type (類型)

資料庫建立資料前，必須依每個屬性項目預計輸入的資料，選擇適當類型，才能有效管理並方便存取。

屬性 **Type** 可以定義與分類資料內容，例如 "金額"，其屬性 **Type** 應該為 **Number**，若設定為 **Text** 則無法進行後續數值格式設定與公式運算。右表為常用的資料庫屬性類型：

屬性 Type	說明
Text	文字與數值，數值不可用於計算。
Number	數值，可用於計算
Select	選項清單；單選；清單項目於篩選資料庫時會被視為篩選條件。
Multi-select	選項清單；多選；清單項目於篩選資料庫時會被視為篩選條件。
Status	任務分類；預設有三個類別，To-do (待辦)、In Progress (進行) 和 Complete (完成)。
Date	日期資料
Person	指派協作人員
Files & media	檔案和影音
Checkbox	選取方塊
URL	超連結
E-mail	電子郵件
Phone	電話
Formula	公式

此範例，於資料庫右側選按 **+** 新增一屬性，依序建立 "支出/收入"、"分類"、"金額"、"費用"、"備註"、"收據/領據" 六個屬性，並依下表調整各個屬性名稱與 **Type**。(若 **+** 被 **Edit property** 窗格擋到，可往右拖曳下方捲軸。)

屬性名稱	屬性 Type
項目	**Title**
日期	**Date**
支出/收入	**Select**
分類	**Select**
金額	**Number**
費用	**Formula**
備註	**Text**
收據/領據	**Files & media**

✦ 調整屬性欄寬

滑鼠指標移至屬性與屬性之間呈 ⟷ (出現藍色線條)，往左或往右拖曳至合適位置放開即可調整其欄寬。

✦ 調整順序與隱藏、刪除屬性

可依記錄表需要的項目，調整資料庫屬性順序或隱藏、刪除，資料庫右上角選按 ⋯ > **Properties**， 可以看到目前資料庫所有屬性項目。

屬性名稱右側選按 👁 可切換 **隱藏**、**顯示** 模式，按住屬性名稱左側 ⠿ ，往上或往下拖曳可調整先後順序。

若要刪除某一屬性，於 **Properties** 清單選按要刪除的屬性 > **Delete property**，確認對話方塊中選按 **Delete** 即可刪除該屬性，選按 **Cancel** 則為取消刪除。

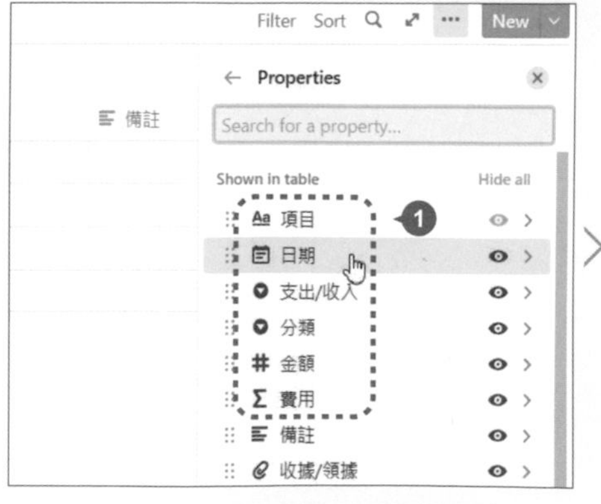

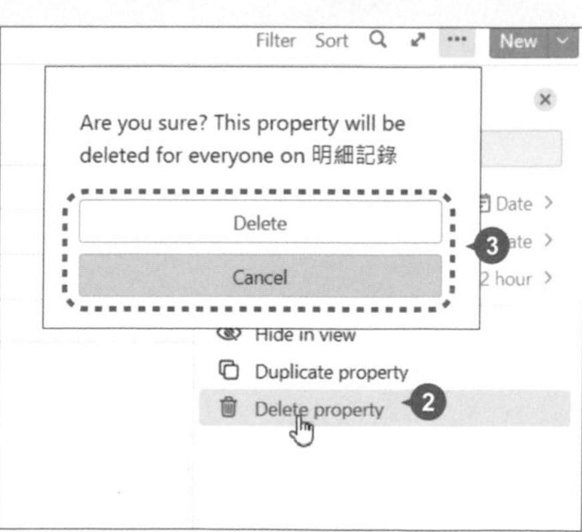

3 為資料庫新增資料

完成資料庫與屬性相關設定，可以著手輸入資料囉！

✦ 填入文字與數值資料

"項目"、"備註" 與 "金額" 已分別定義為 **Text** 與 **Number** 屬性類型，可直接選按該筆記錄 "項目"、"金額"、"備註" 的下方空格，輸入資料內容。

✦ 填入日期資料

"日期" 已定義為 **Date** 屬性類型，選按該筆記錄 "日期" 下方空格，會出現日曆清單，選按日期項目再於空白處按一下即完成輸入。

✦ 填入選項清單資料

"支出/收入"、"分類" 已定義為 **Select** 屬性類型，首次使用可以先建立清單項目，後續則只要於清單中選按。除了可提升資料正確性，建立的清單項目於篩選資料庫時會被視為篩選條件，這是 **Text** 屬性類型沒有支援的。

step 01 資料庫右上角選按 ⋯ > **Properties** > **支出/收入**。

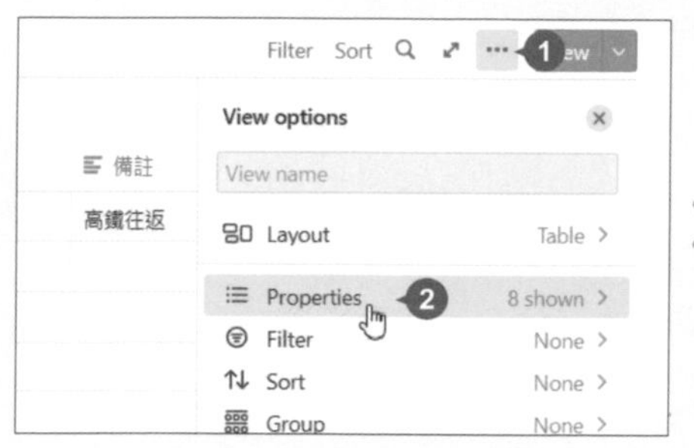
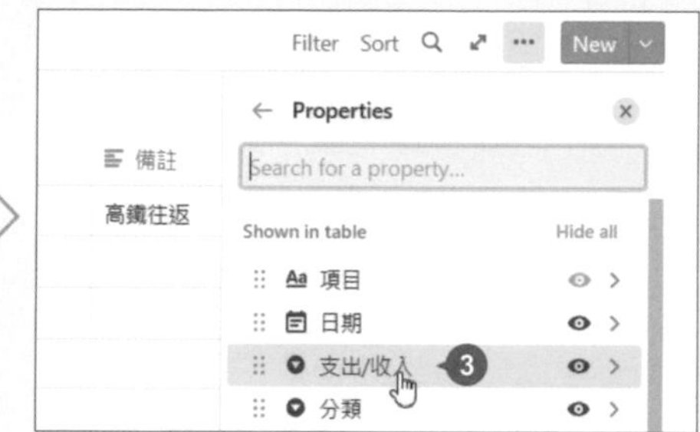

step 02 選按 **Add an option**，輸入「收入」按 Enter 鍵，完成第一個項目建立。同樣的，再次選按 **Add option**，輸入「支出」按 Enter 鍵，完成第二個項目建立。(若有多個項目可依序完成)

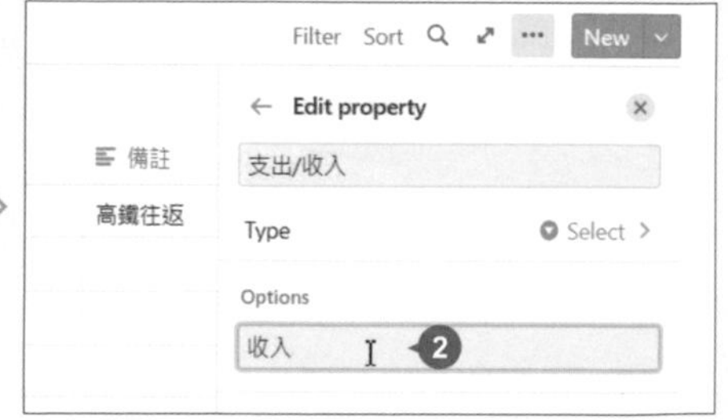
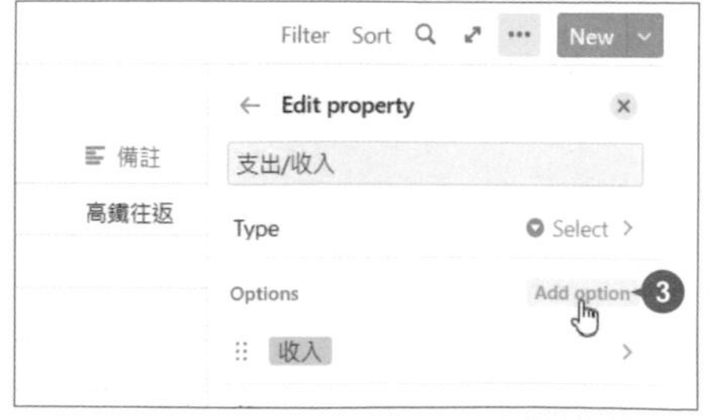
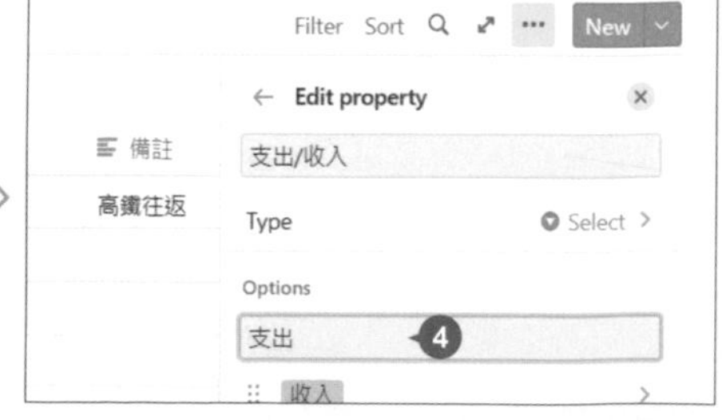

step 03 最後調整項目的代表色彩，選按 "支出" 項目，再選按合適色彩套用，依相同方法調整 "收入" 項目色彩。

step 04 回到資料庫，選按該筆記錄 "支出/收入" 下方空格，即可於清單中選擇合適項目填入。

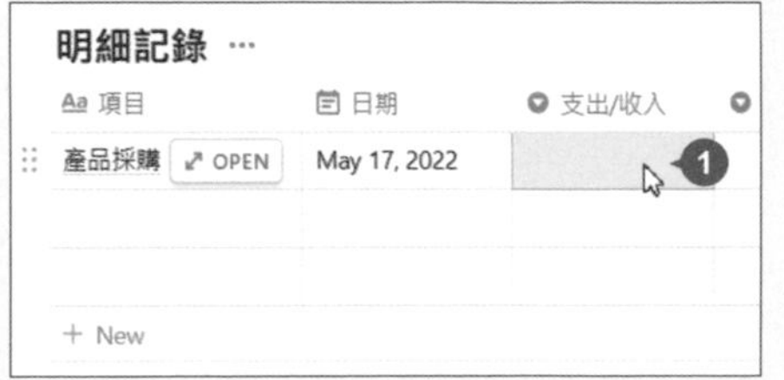

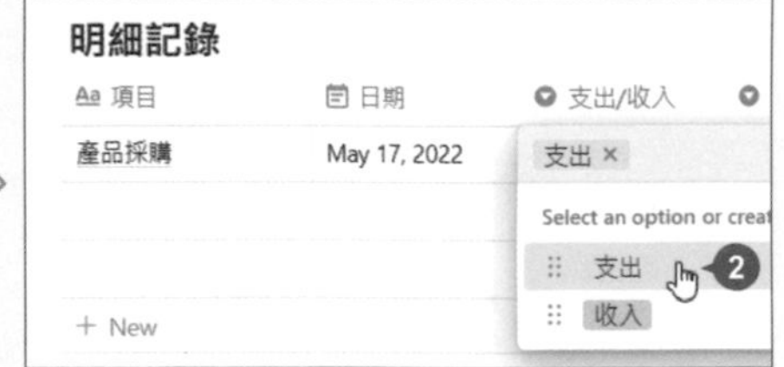

step 05 依相同方法，為 "分類" 建立清單項目："住宿費"、"交通費" 、"膳雜費"、"講師費" 、"諮詢費"，並完成此處資料填入。

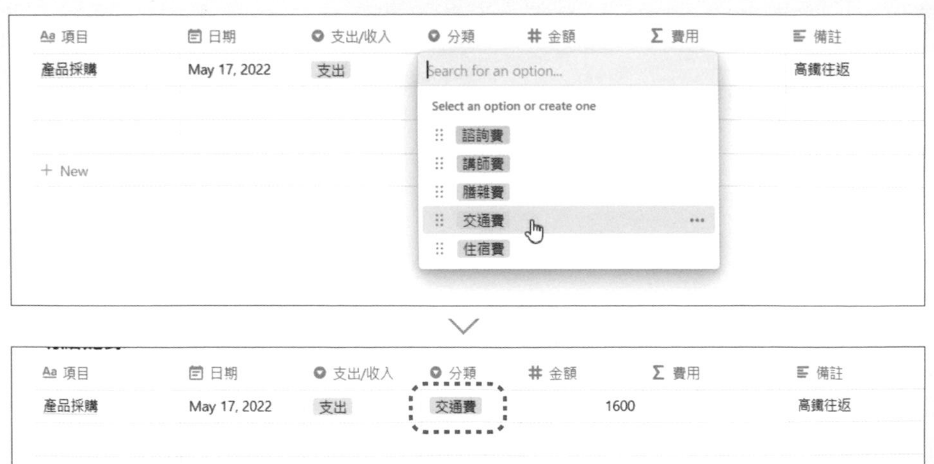

實用篇 04 資料庫應用

✦ 填入圖片檔案

"收據/領據" 已定義為 **Files & media** 屬性類型，選按該筆記錄 "收據/領據" 下方空格，選按 **Choose a file**，再選按要填入的檔案，再選按 **開啟**。

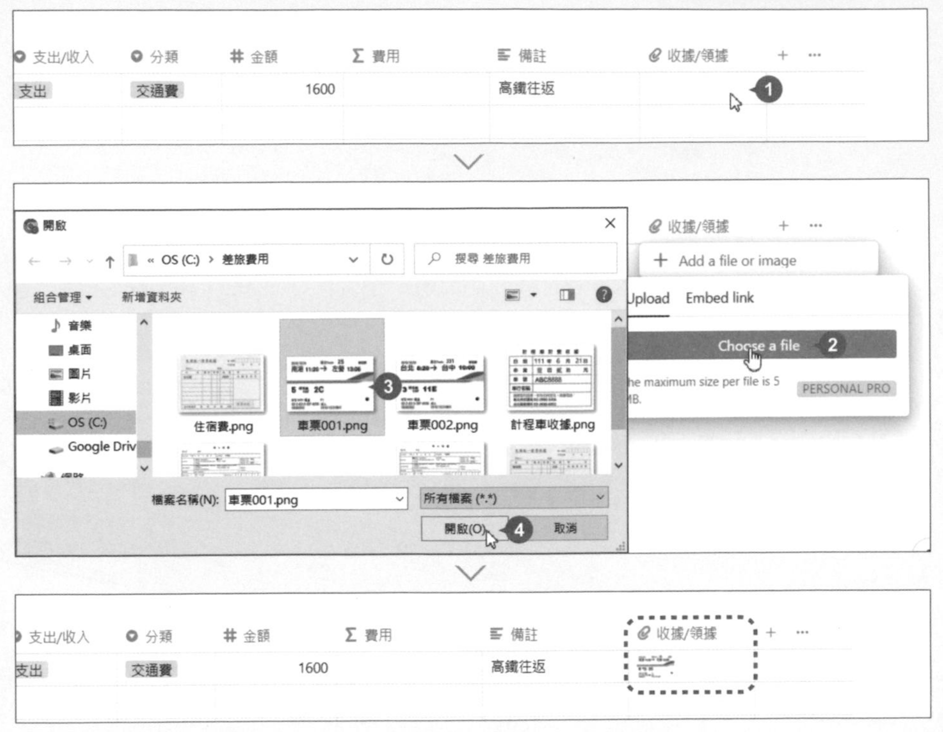

依前面說明的資料填入方式，完成此份差旅費記錄表資料建置：

差旅費記錄

Table

明細記錄

項目	日期	支出/收入	分類	金額	費用	備註	收據/領據
產品採購	May 17, 2022	支出	交通費	1600		高鐵往返	
產品採購	May 17, 2022	支出	住宿費	2500			
中部客戶開會	June 8, 2022	支出	交通費	1400		高鐵往返	
中部客戶開會	June 8, 2022	收入	諮詢費	3500		一小時；3500/H	
影像剪輯課程研習	June 12, 2022	支出	交通費	120			
影像剪輯課程研習	June 12, 2022	支出	雜費	220			
影像剪輯課程研習	June 12, 2022	收入	講師費	8000		四小時；2000/H	
多媒體影音研習	July 3, 2022	收入	講師費	16000		八小時；2000/H	

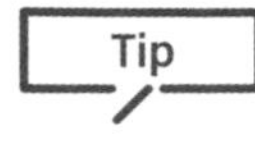

4 設定資料格式

Date (日期) 與 **Number** (數值) 屬性類型資料，可藉由格式設定，決定資料顯示方式。

✦ 日期資料格式

Date (日期) 屬性類型預設格式為：月 日, 年，若習慣 **Year/Month/Day** 或 **Month/Day/Year**...等格式，可於日期格式設定。

step 01 選按 "日期" 下方任一筆資料，再選按 **Date format & timezone** > **Date format**。

step 02 清單中選擇樣式套用，此範例選按 **Year/Month/Day**，再於空白處按一下即完成格式設定。

明細記錄 ···

項目	日期	支出/收入	分類	金額	費用	備註
產品採購	May 17, 2022	支出	交通費	1600		高鐵往返
產品採購	May 17, 2022	支出	住宿費	2500		
中部客戶開會	June 8, 2022	支出	交通費	1400		高鐵往返

Remind None
End date
Include time
Date format & timezone
Date format Full date
Time format
Full date
Month/Day/Year
Day/Month/Year
Year/Month/Day
Relative

項目	日期	支出/收入	分類	金額	費用	備註
產品採購	2022/05/17	支出	交通費	1600		高鐵往返
產品採購	2022/05/17	支出	住宿費	2500		
中部客戶開會	2022/06/08	支出	交通費	1400		高鐵往返
中部客戶開會	2022/06/08	收入	諮詢費	3500		一小時；3500/H

✦ 數值資料格式

Number (數值) 屬性類型預設格式為：**Number**，若習慣為數值加上千分位分隔符號、百分比或套用其他幣值...等格式，可於數值格式設定。

step 01 滑鼠指標移至 "金額" 下方任一筆資料，選按 123。

step 02 清單中選擇樣式套用，此範例選按 **Number with commas** (數值包含千分位分隔符號) 即完成格式設定。

明細記錄 ···

項目	日期	支出/收入	分類	金額	費用	備註
產品採購 OPEN	2022/05/17	支出	交通費	123 ❶ 1600		高鐵往返
產品採購	2022/05/17	支出	住宿費	2500		
中部客戶開會	2022/06/08	支出	交通費	1400		高鐵往返

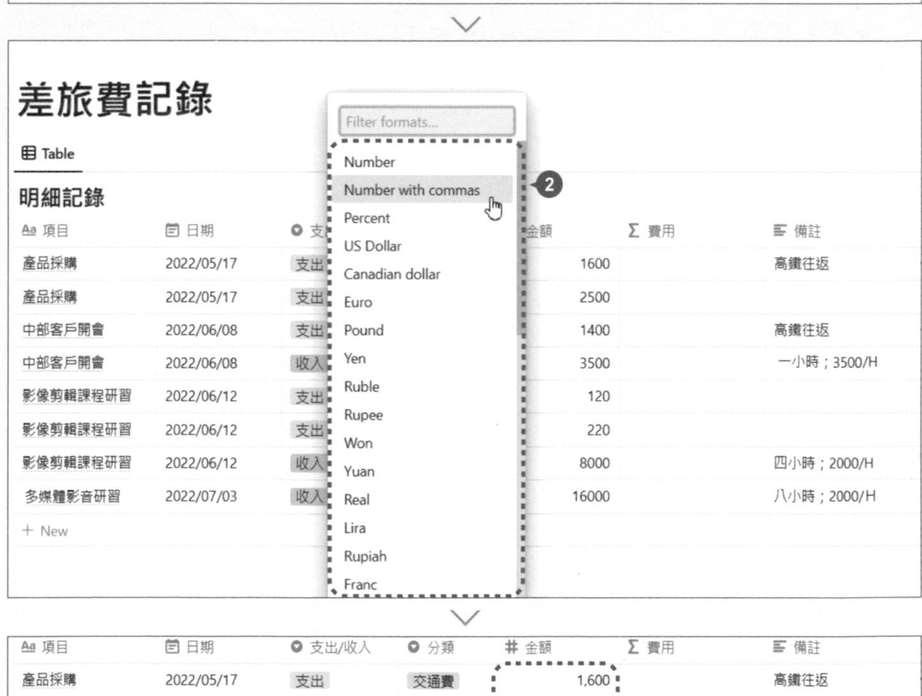

項目	日期	支出/收入	分類	金額	費用	備註
產品採購	2022/05/17	支出	交通費	1,600		高鐵往返
產品採購	2022/05/17	支出	住宿費	2,500		
中部客戶開會	2022/06/08	支出	交通費	1,400		高鐵往返
中部客戶開會	2022/06/08	收入	諮詢費	3,500		一小時；3500/H
影像剪輯課程研習	2022/06/12	支出	交通費	120		

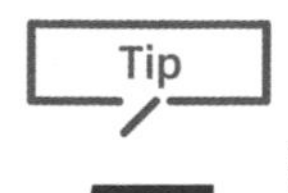

5 計算數值

資料庫可藉由二種方式計算資料量或數值，分別為 **Formula** 公式與 **Calculate** 計算列。

✦ 以 Formula 公式計算

Notion 的 **Formula** (公式) 類似 Excel 函數與公式，但語法不完全相同 ，資料庫中只要屬性類型指定為 **Formula**，即可建立公式。

在 "差旅費記錄" 範例中，"金額" 只有記錄項目的值，無法區分是支出還是收入，因此在 "費用" 加入一串公式，藉由 "支出/收入" 資料判斷，若為 "支出" 則加上負值符號 "-" ，若為 "收入" 則維持原來的值。

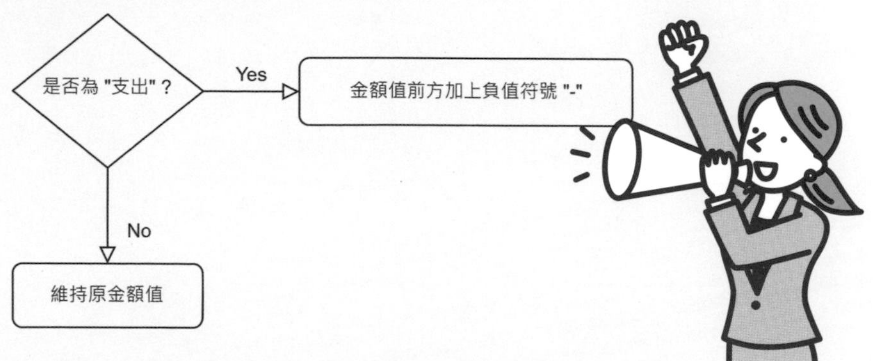

step 01 選按 "費用" 下方空格，開啟公式編輯視窗。("費用" 已於前面定義為 **Formula** 資料類型)

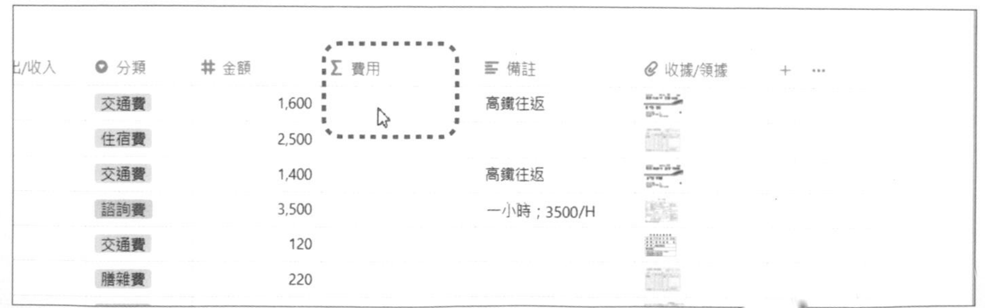

出/收入	分類	金額	費用	備註	收據/領據
	交通費	1,600		高鐵往返	
	住宿費	2,500			
	交通費	1,400		高鐵往返	
	諮詢費	3,500		一小時；3500/H	
	交通費	120			
	膳雜費	220			

step 02 編輯列輸入公式「if(prop("支出/收入") == "支出", -prop("金額"), prop("金額"))」，再選按 **Done** 完成公式編寫。

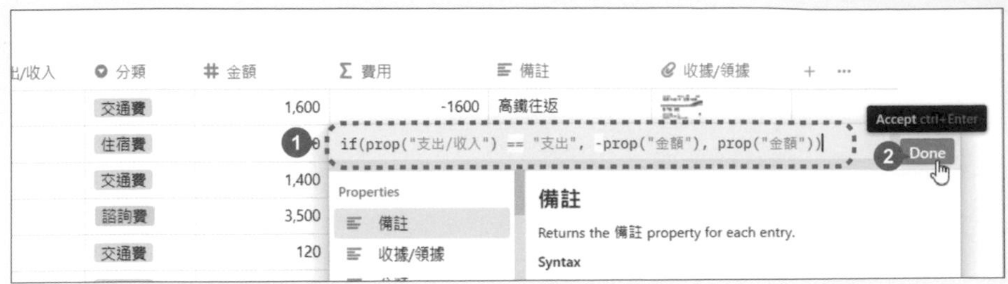

step 03 回到頁面，會發現 "費用" 已依剛才編寫的公式完成資料填入 (可再依前面說明為數值資料套用合適格式)。

出/收入	分類	金額	費用	備註	收據/領據
	交通費	1,600	-1,600	高鐵往返	
	住宿費	2,500	-2,500		
	交通費	1,400	-1,400	高鐵往返	
	諮詢費	3,500	3,500	一小時；3500/H	
	交通費	120	-120		
	膳雜費	220	-220		
	講師費	8,000	8,000	四小時；2000/H	
	講師費	16,000	16,000	八小時；2000/H	

小提示

關於公式與編輯視窗

- 文字、數值、日期...等資料，均可藉由公式變化出不同的結果值。
- 公式中，若需使用資料庫屬性項目計算或變化出新的值，語法為：**prop("屬性名稱")**，例如 prop("金額") 可獲得金額中的值。

可以直接在公式編輯視窗上方編輯列輸入，也可於左側 **Properties** 清單選按插入，例如公式：prop("金額")*100，即計算該筆資料 "金額" 值乘以 100 的結果。

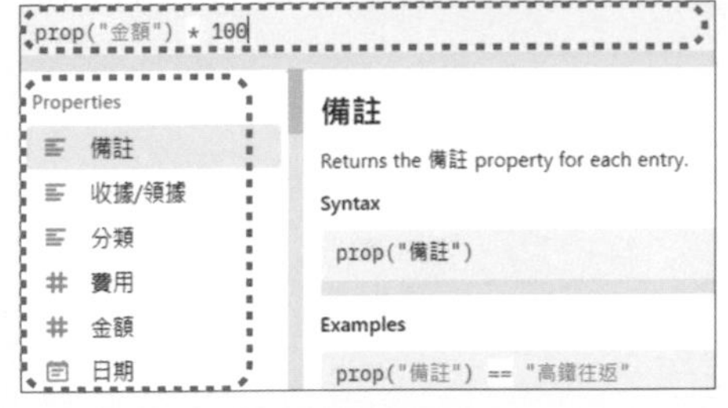

✦ 以 Calculate 計算非數值資料

資料庫最下方有一列 **Calculate** 計算列，可針對非數值資料與數值資料計算。除了 **Number** (數值) 屬性類型，其他包括：**Text**、**Date**、**Select**、**URL**、**Checkbox**...等屬性類型均為非數值資料；其中較特別的為 **Formula** (公式) 屬性類型，是依公式求得的內容判別屬於數值或非數值資料。

step 01 選按 "項目" 最下方 **Calculate** 計算列，可於清單中選擇合適的計算方式，此範例選按 **Count values**，統計有資料的筆數。

非數值 資料類型 計算	說明
None	不計算
Count all	統計所有資料筆數
Count values	統計有資料的筆數
Count unique values	統計類型數量 (重複出現時只算一種)
Count empty	統計空值資料筆數
Count not empty	統計非空值資料筆數
Percent empty	統計空值資料筆數佔比
Percent not empty	統計非空值資料筆數佔比

step 02 "項目" 最下方 **Calculate** 計算列，會顯示有資料值的筆數：8。

多媒體影音研習 2022/07/03 收入 講師費 16,000 16000 八小時；2000/H

+ New

VALUES 8

Type '/' for commands

step 03 選按 "日期" 最下方 **Calculate** 計算列，會發現日期資料較文字資料多三項日期專屬計算功能，此範例選按 **Date range**，統計日期範圍。

step 04 "日期" 最下方 **Calculate** 計算列，會顯示日期範圍：2 months。

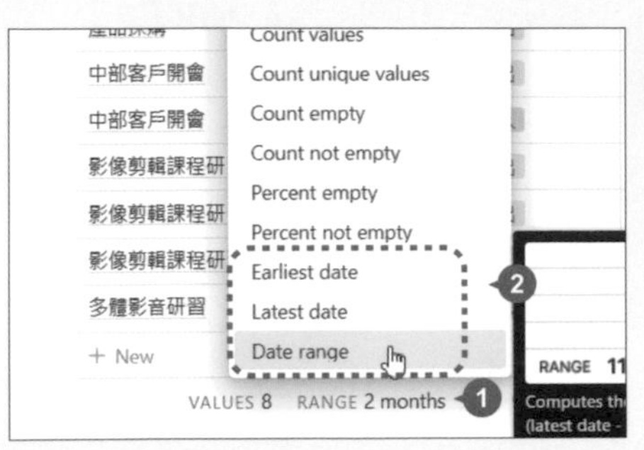

日期專屬 計算功能	說明
Earliest date	最早日期
Latest date	最晚日期
Date range	日期範圍 (最晚日期 - 最早日期)

✦ 以 Calculate 計算數值資料

Number (數值) 屬性類型以及 **Formula** (公式) 屬性類型，可於計算列選擇計算方式：加總、平均、中位數、最大值、最小值、變異量數。

step 01 選按 "費用" 最下方 **Calculate** 計算列，可於清單中選擇合適的計算方式，此範例選按 **Sum**，加總數值。

step 02 "費用" 最下方 **Calculate** 計算列，會顯示加總值。

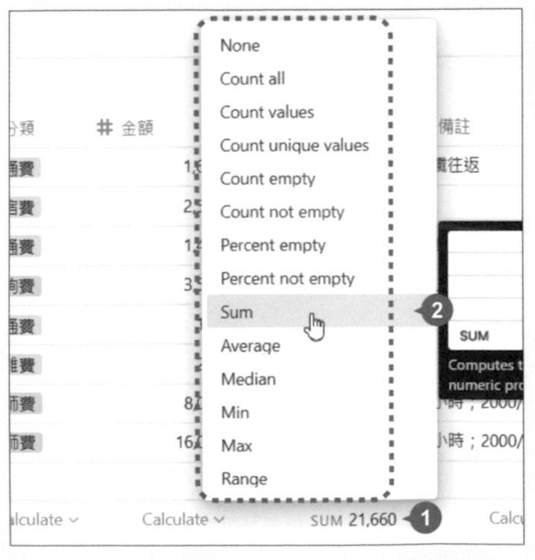

數值資料 功能名稱	說明
Sum	加總
Average	平均
Median	中位數
Min	最小值
Max	最大值
Range	變異量數 (最大值 - 最小值)

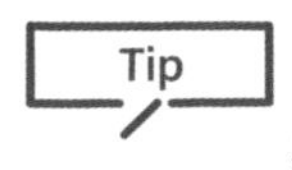

6 資料庫的多種檢視模式

資料庫可以藉由多種檢視模式呈現資料內容，目前支援 **Table**、**Board**、**Timeline**、**Calendar**、**List** 和 **Gallery** 六種方式。

view (檢視模式) 各具特色，可依不同資料與用途選擇最合適的來套用。同一資料庫各自呈現的 view，在編修資料時會同步更新，但 view 各自套用的篩選和排序則不會相互影響。

✦ Table (表格) view

Table view 即資料庫預設呈現方式，也是前面一直在練習的，常用於事項清單、記帳、明細記錄，最下方的列還可計算總筆數、加總、平均...等。

✦ Board (看板) view

Board view，會依項目分組 (Group) 整理並以區塊式呈現，常用於管理特定主題下的相關資料，能彈性移動事項到其他分組，若資料中有圖片即可指定為看板預覽圖。

明細記錄　收入/支出　收入項目　支出項目

明細記錄

交通費 3
影像剪輯課程研習
2022/06/12
支出
-120
中部客戶開會
2022/06/08
支出
-1,400
產品採購
2022/05/17
支出

住宿費 1
產品採購
2022/05/17
支出
-2,500
+ New

膳雜費 1
影像剪輯課程研習
2022/06/12
支出
-220
+ New

✦ List (清單) view

List view，簡單以條列方式呈現資料，常用於筆記、記錄或不需要太多屬性的文件。**List** (清單) 與 **Gallery** (圖庫) view，會將資料依手機螢幕寬度自動調整配置方式，方便用手機查找資料。

✦ Gallery (畫廊) view

Gallery view，當資料庫中有大量圖片元素時最適合使用，常用於旅行遊記、讀書心得、影片賞析、料理食譜...等，以圖片管理資料。

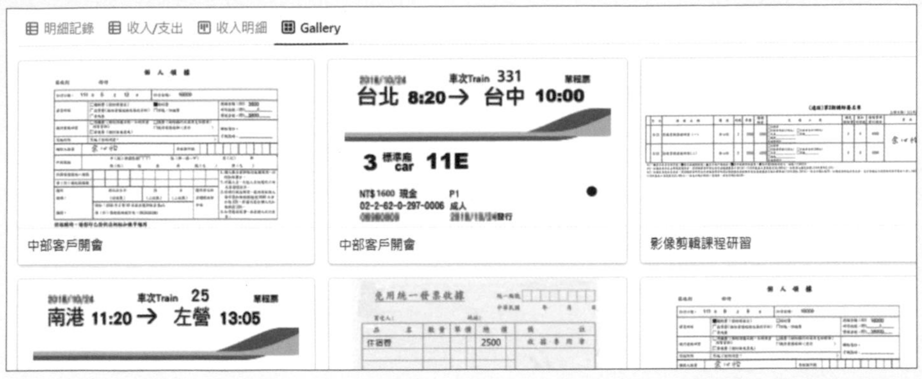

✦ Calendar (行事曆) view

Calendar view，藉由月曆方式呈現，可以讓你直接於每個日期看到相關資料項目，選按項目即可開啟單獨頁面來瀏覽明細。

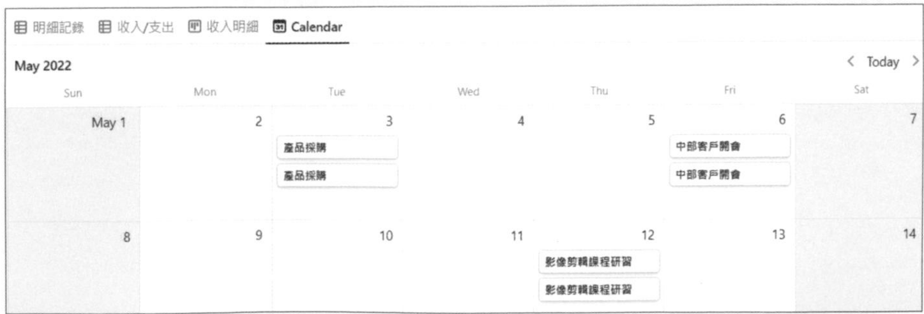

✦ Timeline (時間軸) view

Timeline view，當資料內容藉由日期或時間建立時最適合套用，常用於專案、計劃或任務排程...等，可以幫助你規劃進度，順利完成。

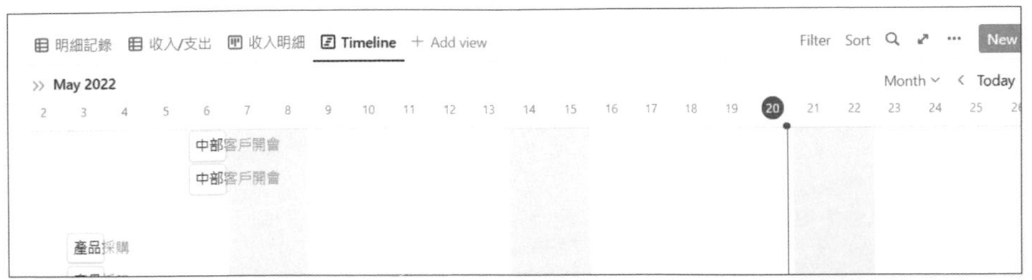

✦ 命名與隱藏第一個 View 資料庫標題名稱

新增更多 view 之前，先為目前的 view 命名再隱藏資料庫標題名稱，方便後續清楚辨別。

step 01 選按目前 **Table** 項目 > **Rename**，右側 **View options** 窗格輸入名稱：「明細記錄」。

step 02 同樣於右側 **View options** 窗格，選按 **Layout**，再選按 **Show database title** 右側 ⬤ 呈 ◯，隱藏資料庫標題名稱。

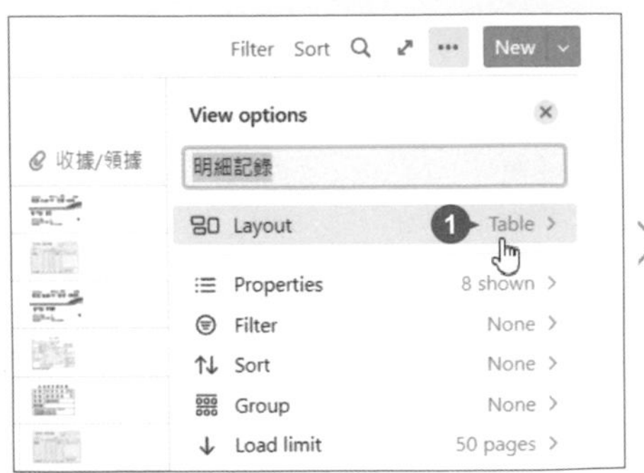

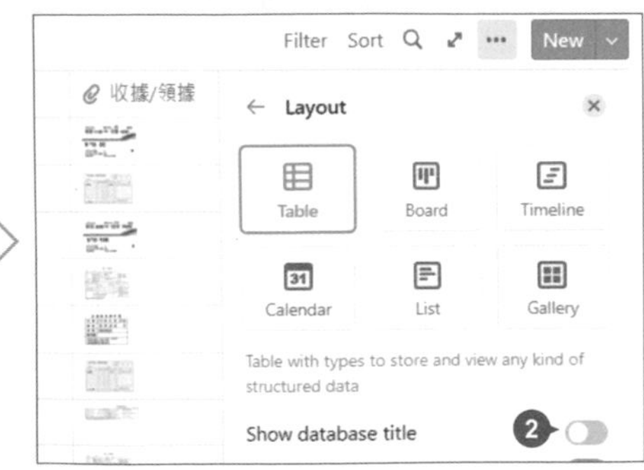

7 Table 檢視模式與分組管理

此份 "差旅費記錄" 預計新增一個 Table view，用於依 "收入" 與 "支出" 分類管理明細列項。

✦ 新增 Table view

step 01 選按 **Add view**，右側 **New View** 窗格輸入名稱「收入/支出」，選按 **Table**，再選按 **Show database title** 右側 ◐ 呈 ○，選按 **Done**。

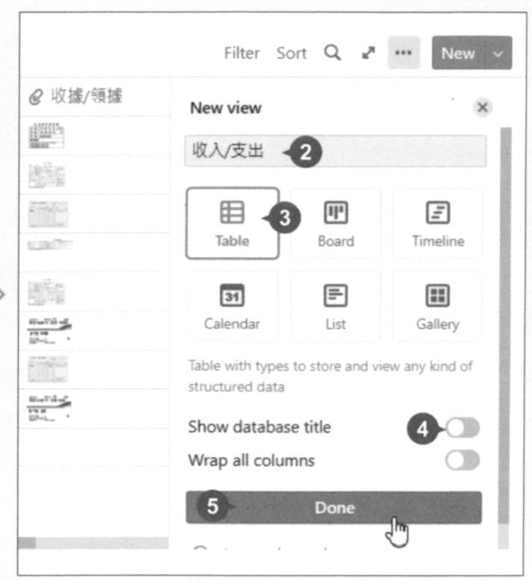

step 02 新增的 Table view 會命名為 "收入/支出"，並出現在前面練習的 "明細記錄" 右側，選按名稱可切換這二個 view。

明細記錄 收入/支出

項目	備註	分類	支出/收入
影像剪輯課程研習		交通費	支出
多媒體影音研習	八小時；2000/H	講師費	收入
影像剪輯課程研習		膳雜費	支出
影像剪輯課程研習	四小時；2000/H	講師費	收入
中部客戶開會	一小時；3500/H	諮詢費	收入
中部客戶開會	高鐵往返	交通費	支出

✦ 表格資料分組管理

將資料庫中的資料分組管理，方便更快速的找到需要的訊息。

step 01 資料庫右上角選按 ··· > **Group**。

step 02 **Group by** (分組方法) 中選擇分組依據，此範例選按 "支出/收入"。

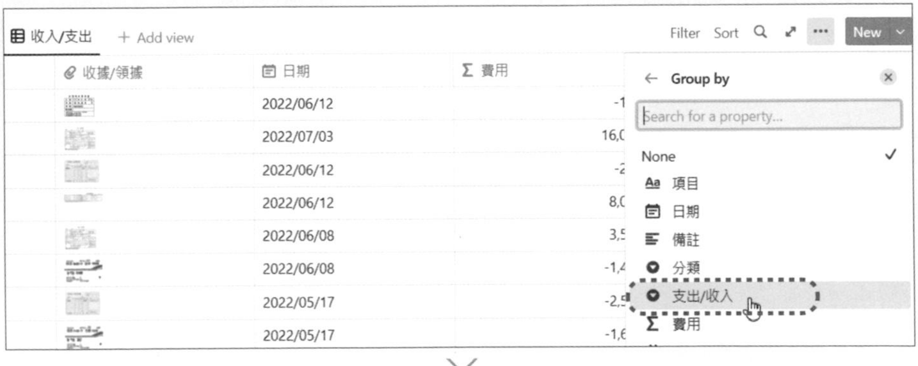

step 03 分組後，最上方會出現一個 "No" 空值項目，若不需要可選按 **Hide empty groups** 右側 ⚪ 呈 ⚪，將空值隱藏。

收入/支出　+ Add view　Filter　Sort　New

Group
Group by 支出/收入 >
Hide empty groups
Visible groups　Hide all
支出
收入

收據/領據	日期	費用
	2022/06/12	-1
	2022/06/12	-2
	2022/06/08	-1,4
	2022/05/17	-2,5

step 04 分組後，若前、後順序不如你預期，可以於 **Visible groups** 清單中按住項目名稱左側 ⠿ ，往上或往下拖曳可調整先後順序。

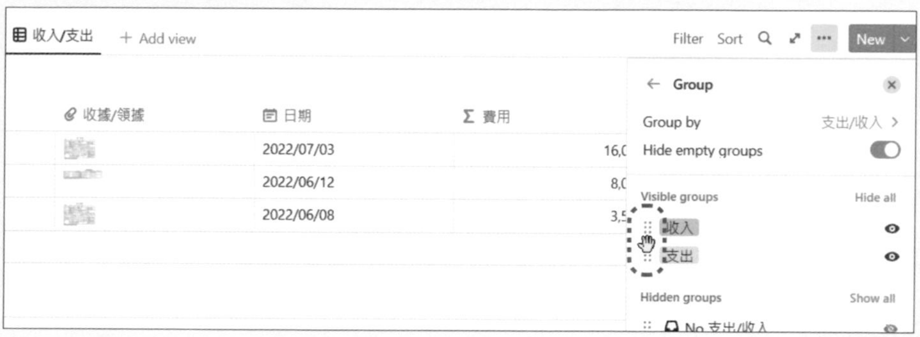

step 05 設定完成，可看到分組名稱左側會有一個 ▼，選按 ▼ 可以折疊、展開瀏覽每個分組內容。

明細記錄　收入/支出　+ Add view　Filter

▸ 收入 3 ··· +

▾ 支出 5 ··· +

支出/收入	收據/領據	日期	費用	金額
支出		2022/06/12	-120	
支出		2022/06/12	-220	
支出		2022/06/08	-1,400	
支出		2022/05/17	-2,500	
支出		2022/05/17	-1,600	

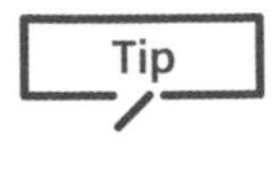

8 Board 檢視模式與分組管理

此份 "差旅費記錄" 預計新增二個 Board view，藉由區塊顯示方式，分類管理 "收入" 與 "支出" 項目資料。

✦ 新增 Board view

step 01 選按 **Add view**，右側 **New View** 窗格輸入名稱「收入項目」，選按 **Board**， **Show database title** 右側選按 ◉ 呈 ◉ 隱藏資料庫標題。

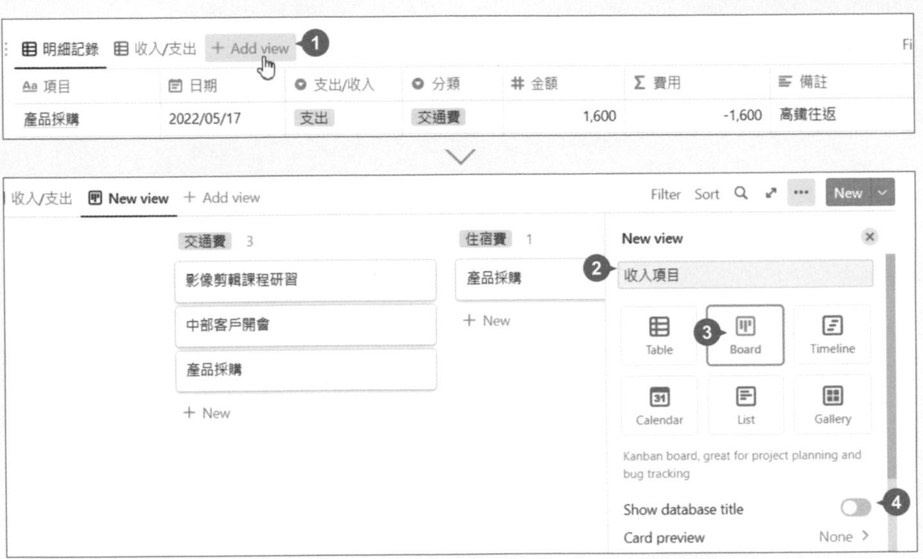

step 02 同樣於 **New View** 窗格，指定 **Group by**："分類"，再選按 **Done** 完成 **Board** view 建立。看板會將資料依 "分類" 中的 "交通費"、"住宿費"、"膳雜費"、"講師費"、"諮詢費" 分組整理。

✦ 看板資料分組管理

step 01 分組後，最左側看板為 "No" 空值區塊，若不需要此區塊可選按區塊名稱右側 ⋯ > **Hide**，將其隱藏 (隱藏的項目都會自動移至看板最右側；若有需要再指定為 **Show** 將其顯示)。

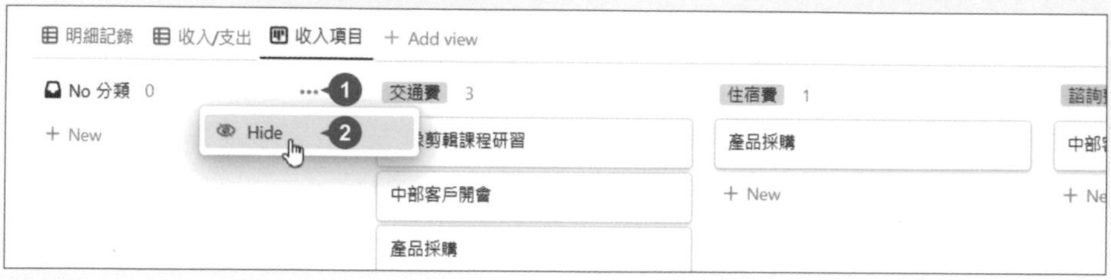

step 02 分組後，若要調整區塊順序，可以按住區塊名稱往左或往右拖曳，調整順序。

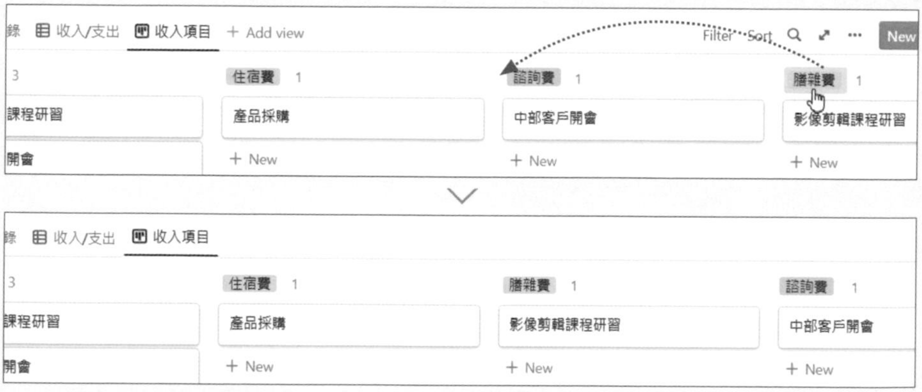

step 03 分組後，若要調整項目至其他區塊，可以按住項目名稱拖曳至其他區塊下方擺放 (此變更會連動改變資料庫中其他 view 內的資料，因此這裡僅說明，不改變)。

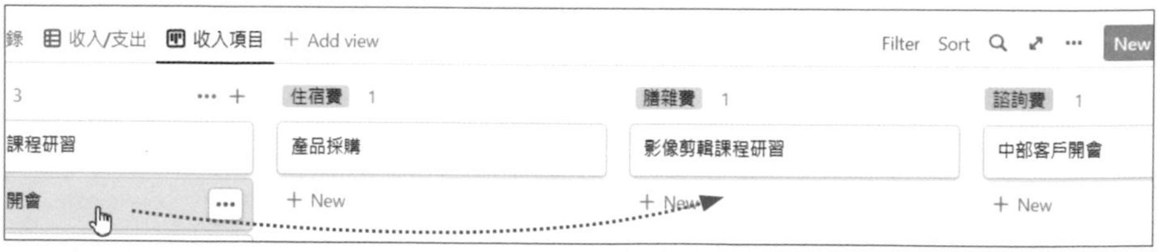

step 04 看板預設背景是白色，可指定依標籤色彩呈現。資料庫右上角選按 ··· > **Layout**，選按 **Color columns** 右側 ⚪ 呈 ⚫。

小提示

區塊資料子分組

Board 建立了第一層的分組後，資料庫右上角選按 ··· > **Sub-group**，可以針對目前分組資料，指定子分組項目。

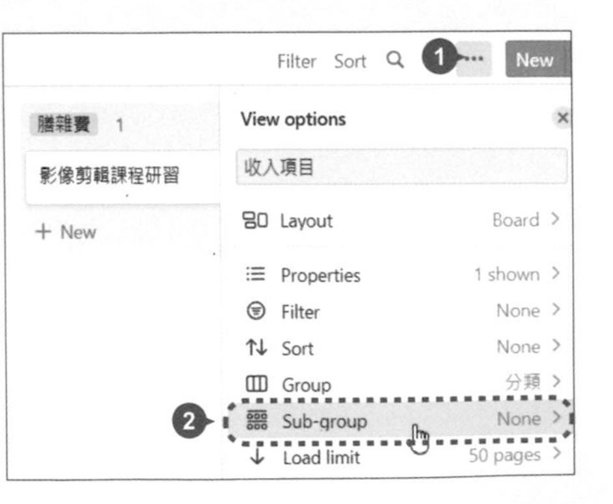

✦ 指定看板上出現的項目

看板預設僅出現類型為 Aa (Title) 的資料，其他資料需指定開啟。

step 01 資料庫右上角選按 ··· > **Properties**。

step 02 屬性名稱右側選按 👁 可切換隱藏、顯示模式，👁 顯示模式會移至 **Shown in board** 清單，即會於看板出現。按住屬性名稱左側 ⠿，上下拖曳可調整先後順序。

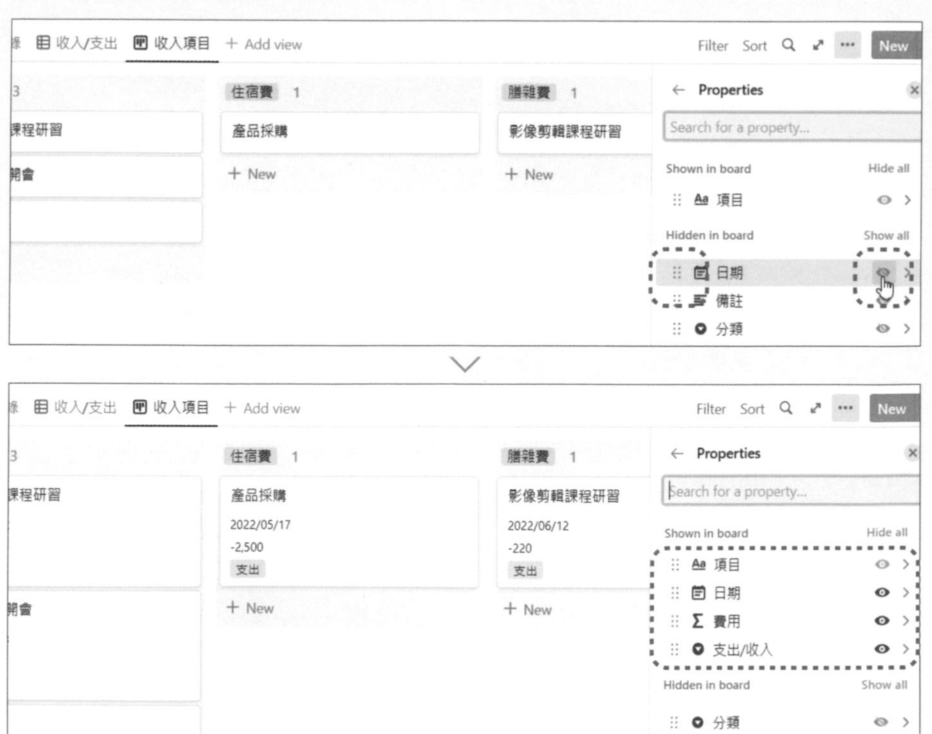

✦ 計算每個看板區塊的值

看板也可依分組區塊計算數量或數值，選按區塊名稱右側的數值，選擇合適的計算方式即可產生結果值。

✦ 複製 view

完成 "收入項目" **Board** view，接著藉由複製快速產生 "支出項目" **Board** view，並於後續套用篩選功能取得正確資料內容。選按看板名稱 "收入項目" > **Duplicate**，並為新的 view 更名為「支出項目」。

9 篩選與排序

Filter (篩選) 與 **Sort** (排序) 可讓資料庫擁有更多的應用與呈現，每一個屬性均可成為篩選與排序的條件。

✦ 依指定項目篩選

step 01 切換至已完成製作的 "收入項目" Board view，資料庫右上角選按 **Filter > 支出/收入**。

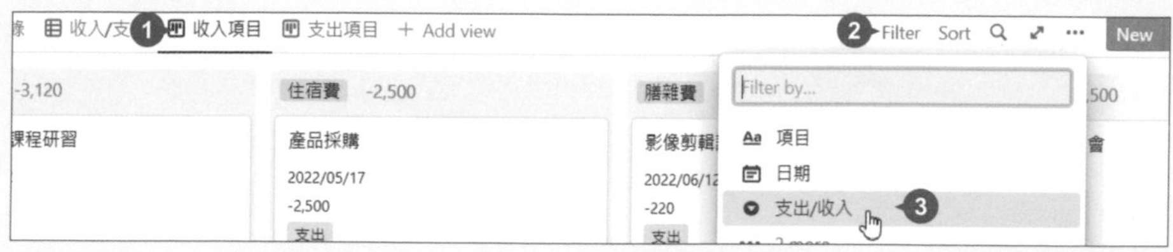

step 02 區塊上方會出現篩選項目，篩選條件："支出/收入" 中有二個標籤，此 view 要呈現收入項目，因此選按 **收入**。

小提示

增、刪篩選項目

- 新增篩選項目：於篩選項目右側，選按 **+Add filter**。
- 刪除目前的篩選項目：選按既有的篩選項目 > ⋯ > **Delete filter**。

篩選後，會發現仍顯示 "支出" 與 "收入" 相關區塊，但 "支出" 相關區塊的資料呈現空值，資料庫右上角選按 ··· > **Group**，選按 **Hide empty groups** 右側 ◯ 呈 ◯，將空值區塊隱藏起來。

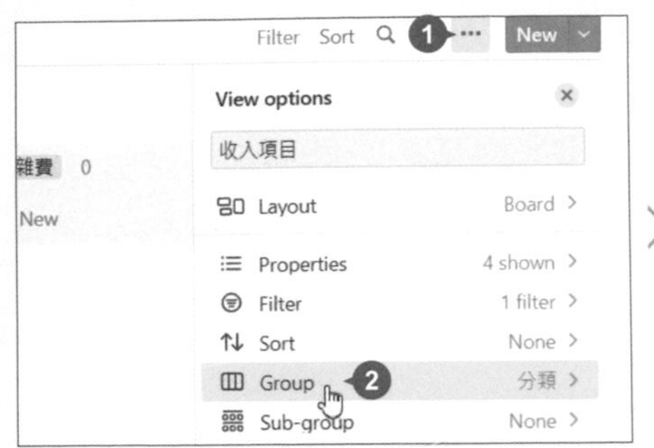

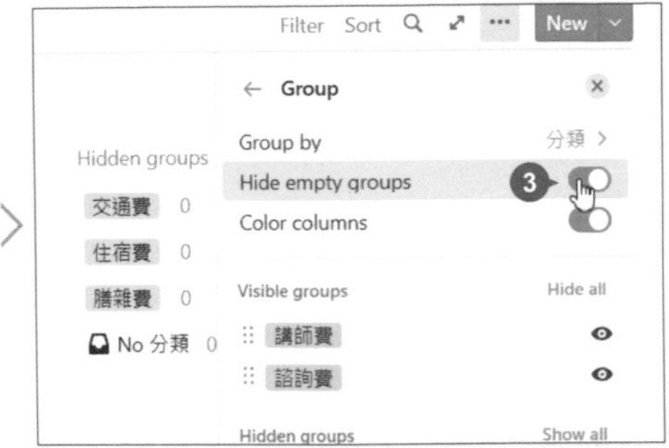

step
04

篩選後選按 **Save for everyone** 儲存目前的篩選設定，若無儲存，只有自己看得到篩選結果，當分享或多人共用時，大家看到的便是無套用篩選的結果。

step
05

若要隱藏篩選項目讓畫面簡單呈現，資料庫右上角選按 **Filter** 即可將篩選項目切換成隱藏模式 (再次選按可切換回顯示模式)。

step 06 依相同方法，切換至前面完成製作的 "支出項目" **Board view**，藉由 **Filter** 篩選 "支出/收入" 中 "支出" 標籤，讓看板僅呈現支出相關資料；最後記得儲存並隱藏篩選項目。

✦ 依指定項目排序

資料庫右上角選按 **Sort**，選按排序項目 **日期**，區塊上方會出現排序項目，可指定為 **Ascending** (遞增排序) 或 **Descending** (遞減排序)。

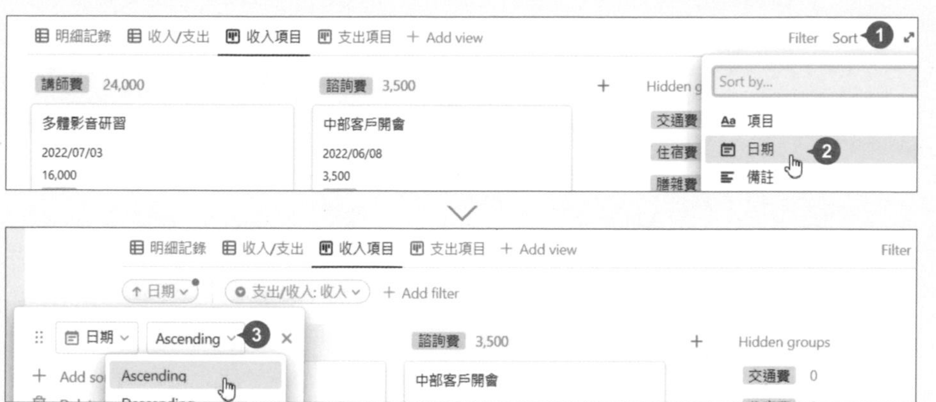

小提示

調整篩選的條件規則

Filter 預設篩選條件規則是 **is**，選按既有的篩選項目 > ⌄，可以調整為 **is not**、**is empty**、**is not empty** ...等條件規則，不同屬性類型 (例如：文字、日期、數值) 可以選擇不同的條件規則。

PART

05

我的雲端書櫃

進階選單資料庫與 **Gallery** 呈現

單元重點

應用 "書籍清單"、"書籍分類"、"作者"、"出版社" 四個資料庫連結與同步區塊選單，幫你輕鬆分類管理購書與閱讀書單。

- ☑ 匯入 CSV 建立資料庫
- ☑ 資料庫自訂範本
- ☑ 修改、複製、刪除和套用範本
- ☑ Relation 資料庫關聯
- ☑ Rollup 歸納
- ☑ 將整頁資料庫轉換為行內資料庫
- ☑ 將行內資料庫轉換為整頁資料庫
- ☑ 設計 Synced Block 同步區塊選單
- ☑ 建立 Gallery view
- ☑ 建置 Timeline view
- ☑ 依書籍分類指定篩選

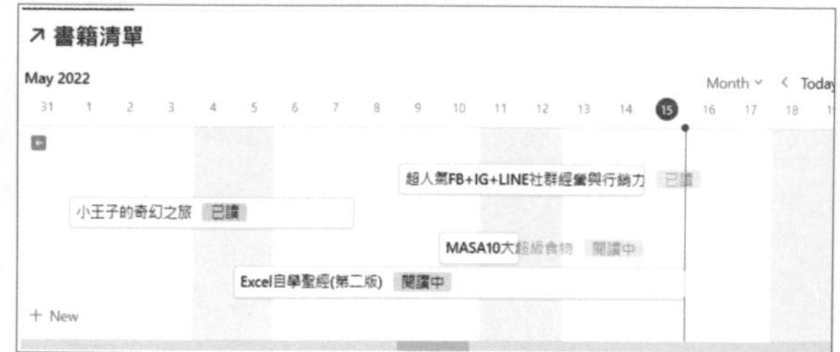

Notion 學習地圖 \ 各章學習資源

作品：Part 05 我的雲端書櫃 - 進階選單資料庫與 **Gallery** 呈現 \ 單元學習檔案

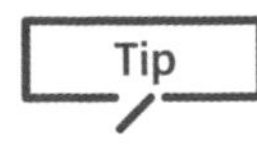

1 匯入 CSV 快速建立資料庫

除了從 "新增" 開始建立資料庫，也可以將 Excel、CSV 格式檔以 CSV 格式匯入 Notion，快速轉換成資料庫。

step 01 側邊欄選按 **+ Add a page** 新增頁面，接著選按 **Import**。

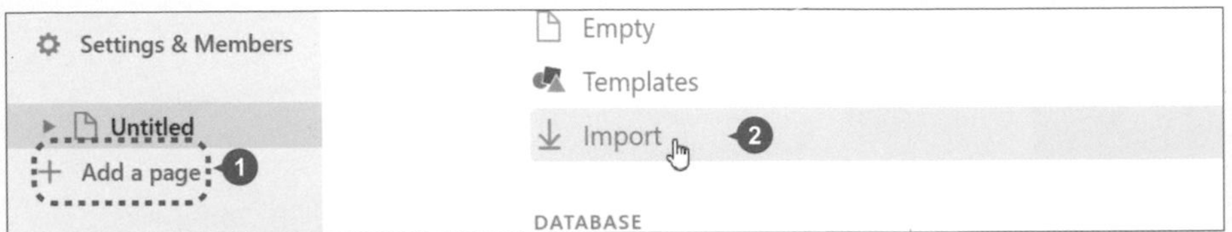

step 02 視窗中選按 **CSV** 開啟對話方塊，選按與開啟欲匯入的 CSV 檔案，即匯入內容。

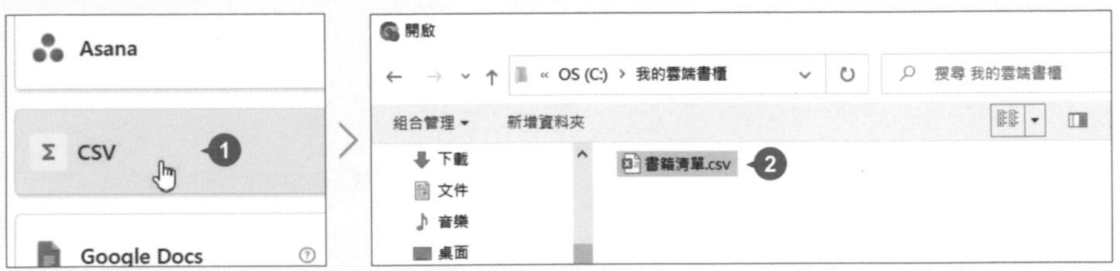

step 03 匯入的 CSV 檔案，會以檔名為資料庫名稱，依原欄、列方式呈現內容，並自動判斷資料屬性類型，滑鼠指標移到屬性與屬性之間呈 ⟛ (出現藍色線條) 即可拖曳調整寬度。

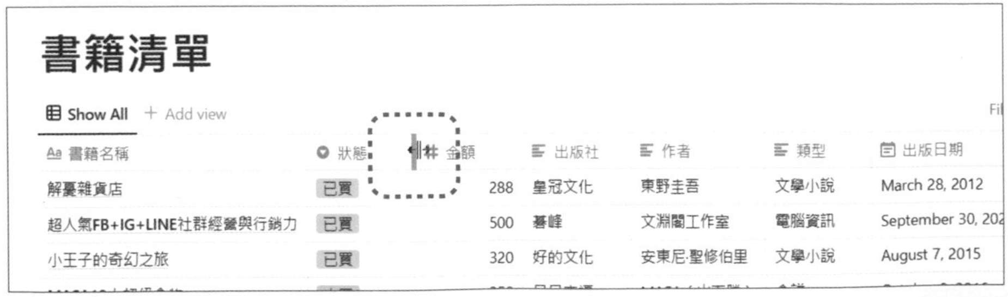

小提示

CSV 檔匯入 Notion 常見問題

■ CSV 檔匯入後，出現亂碼！

匯入的 CSV 檔必須為 UTF-8 編碼。將 Excel 檔另存為 CSV 檔時，需選按 **工具 > Web 選項**，再於 **編碼** 標籤設定 **將這份文件另存成：UTF-8**，再選按 **確定**。

■ CSV 檔匯入後，日期資料為何都套用 Text 屬性？

若 CSV 檔中日期資料是 "2022/11/1" 格式，匯入 Notion 會套用 **Text** 屬性類型，若改成 "1-Nov-22" 格式，則匯入 Notion 會套用 **Date** 屬性類型。(若匯入 Notion 後才將日期由 **Text** 改成 **Date** 屬性類型，日期資料就會被清空，需重新輸入)

■ 是否可匯入 Excel (*.xlsx) 格式檔？

選按 **Import > CSV** 後，我們有試著匯入 Excel (*.xlsx) 檔案 (需將開啟檔案類型選擇：**所有檔案 (*.*)**)，發現是可以匯入，但可能發生資料無法取得的狀況，因此還是建議將 Excel (*.xlsx) 格式檔先另存成 CSV 檔後再匯入 Notion。

2 快速產生資料庫自訂範本

Notion 有二種自訂範本，此範例要建立資料庫內的範本，常用在記錄重複性高的筆記資料 (不同資料庫，範本無法通用)。

實用篇

05 進階選單資料庫與 Gallery 呈現

✦ 新增自訂範本

step 01 滑鼠指標移至資料庫 **Title** 項目右側， 選按 **OPEN** 開啟頁面。

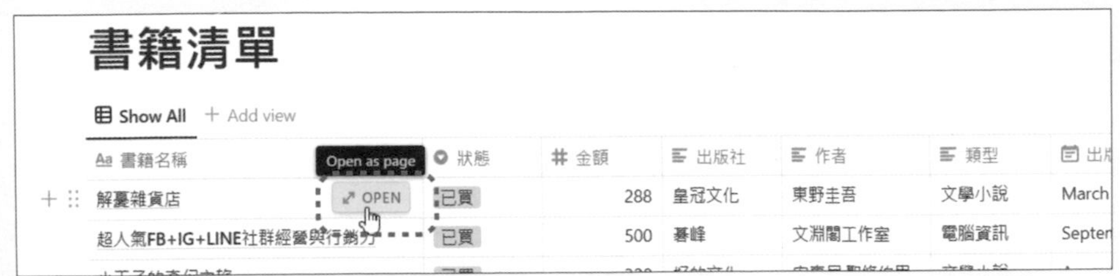

step 02 頁面下方選按 **create a template**，會開啟新範本編輯頁面，上方訊息說明正在建置 "書籍清單" 資料庫範本，先為範本輸入名稱，以方便後續套用與編輯時辨識。

預計閱讀日期 May 3, 2022

類型 文學小說

+ Add a property

Add a comment...

Press Enter to continue with an empty page, or create a template ❶

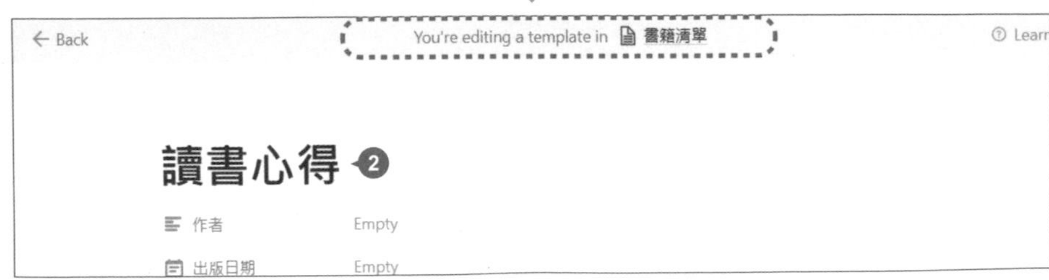

✦ 佈置範本

資料庫範本編輯模式，上方是資料庫原有屬性項目 (範本若新增屬性項目會套用到目前資料庫)，在此不異動，直接於下方設計讀書心得編寫欄位 (編輯方式與一般頁面相同)。

step 01 頁面最下方空白區塊輸入「/C」，選按 **Callout** 插入標註，輸入文字「名言佳句」，依相同方法再插入二個標註：「書籍簡介」、「讀書心得」。

step 02 輸入線移至 "書籍簡介" 右側，按 Enter 鍵，輸入「/Di」，選按 **Divider**，下方即插入分隔線 (產生的空白區塊需刪除)。

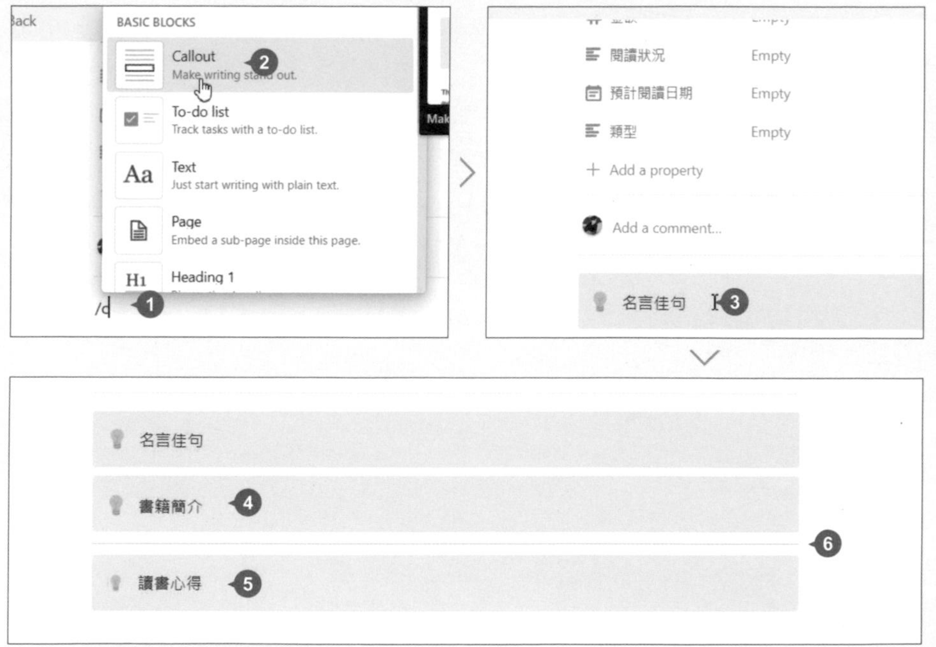

step 03 欲調整 "名言佳句"、"書籍簡介" 二個項目為二欄。滑鼠指標移至 "書籍簡介" 左側，按住 ⠿ 不放拖曳至 "名言佳句" 最右側出現藍色線條，再放開滑鼠左鍵。

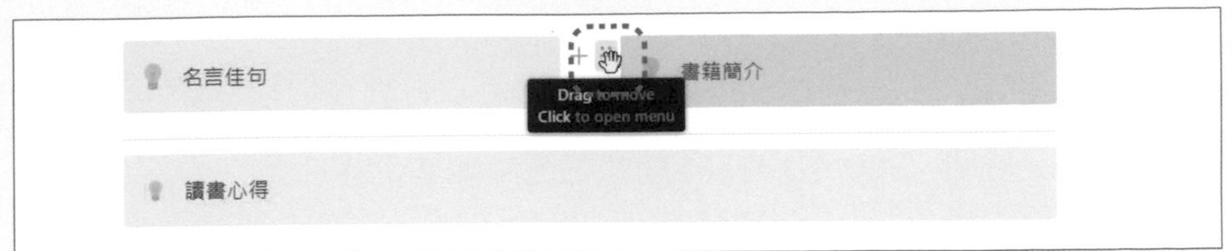

step 04 輸入線移至 "名言佳句" 右側，按 Enter 鍵，輸入「/I」，選按 **Image**，在此不插入圖片僅設置 **Add an image** 插入圖片按鈕，接著於空白處按一下可關閉清單。

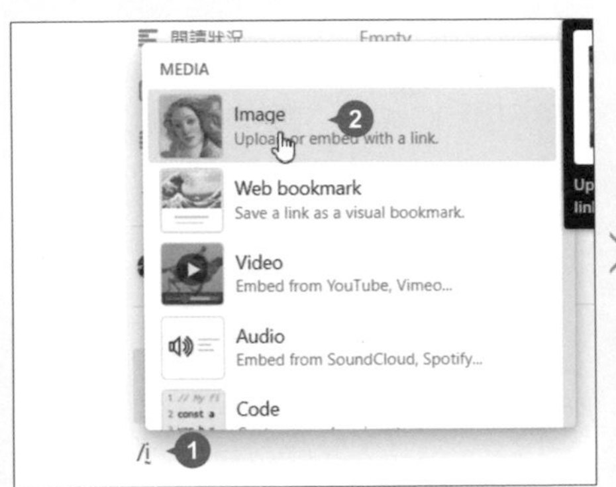

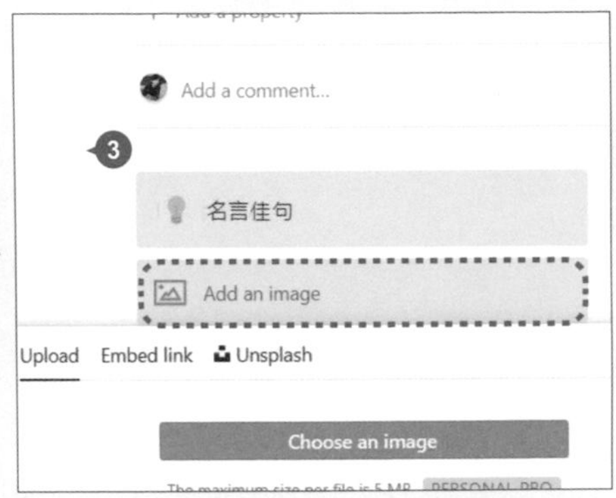

step 05 輸入線移至 "書籍簡介" 右側，按 Enter 鍵，插入一空白區塊方便輸入文字資料；同樣於 "讀書心得" 右側，按 Enter 鍵。

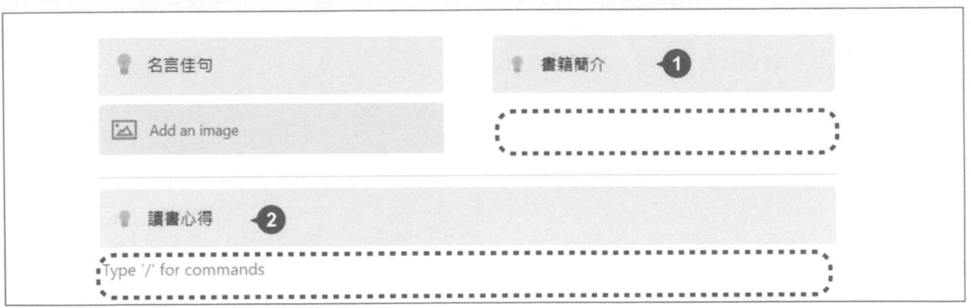

step 06 完成範本佈置，左上角選按 **Back**，回到原頁面。

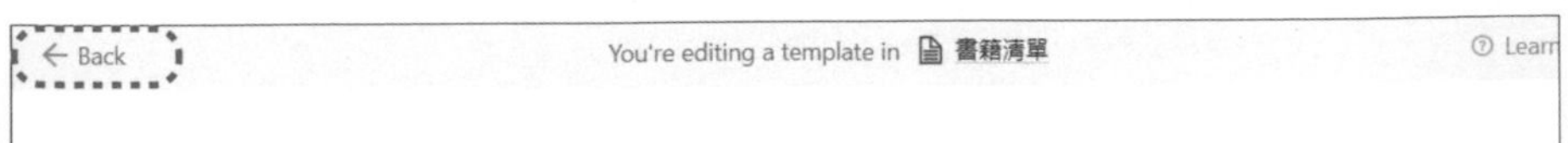

實用篇 05 進階選單資料庫與 Gallery 呈現

✦ 套用範本

完成範本設置，回到 **Title** 項目頁面時，可選擇範本套用。

step 01 **Title** 項目頁面最下方，選按剛剛新增的 "讀書心得" 範本，會出現範本中佈置的欄位與物件。

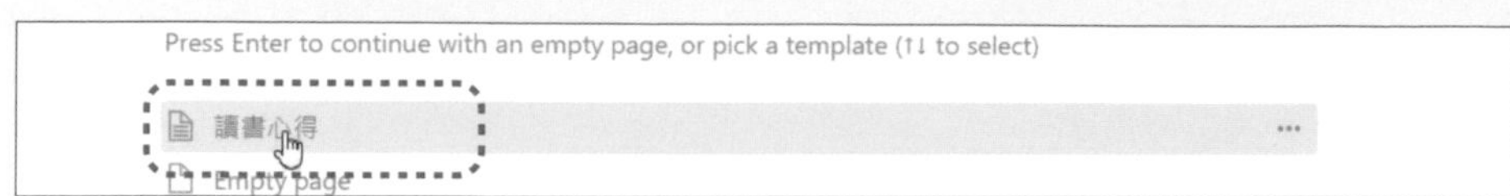

step 02 選按 "名言佳句" 下方的 **Add an image**，可插入名言佳句相關圖檔；再於 "書籍簡介" 與 "讀書心得" 下方輸入相關文字資料。

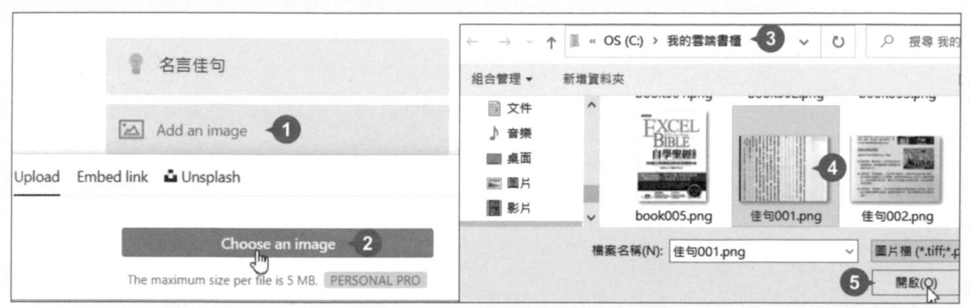

step 03 完成這本書籍的資料建立後，頁面上方選按 ⌄，可切換至下一本書繼續套用範本與填寫讀書心得。

✦ 修改、複製和刪除範本

回到資料庫，右上角選按 New 清單鈕，會出現此資料庫範本，於想要調整的範本右側選按 ⋯，可選擇 **Edit** (編輯)、**Duplicate** (複製) 或 **Delete** (刪除)。

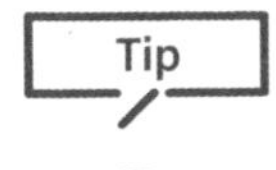

3 同一頁面佈置多個資料庫

範例 "我的雲端書櫃"，除了目前已完成的 "書籍清單" 資料庫，預計再建立 "書籍分類"、"作者"、"出版社" 三個資料庫。

✦ 建立主頁面

藉由 "我的雲端書櫃" 主頁面佈置四個資料庫，並於後續建立資料庫連結。

step 01 側邊欄選按 **+ Add a page** 新增頁面。

step 02 選按 **Untitled** 輸入頁面名稱「我的雲端書櫃」，接著將滑鼠指標移至頁面名稱上方，選按 **Add icon** 為頁面加入合適圖示。

2

我的雲端書櫃 1

Press Enter to continue with an empty page, or pick a template (↑↓ to select)

step 03 為方便後續設定，將頁面調整為寬版檢視：頁面右上角選按 ··· > **Full width** 右側 ⚪ 呈 ⚪ (於空白處按一下取消清單)。

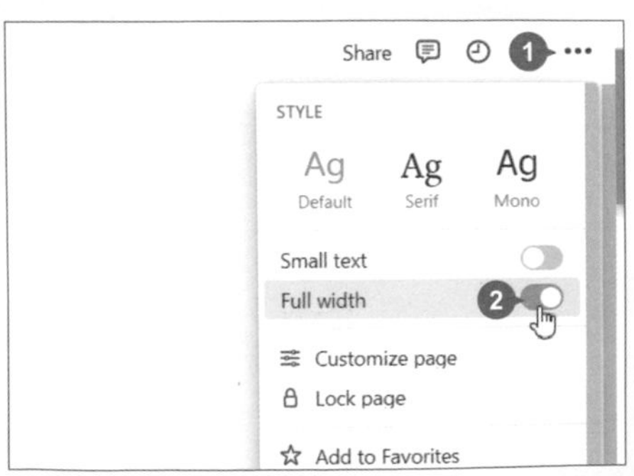

✦ 將整頁資料庫轉換為行內資料庫

前面完成的 "書籍清單" 資料庫頁面是 **Database-Full page** (整頁資料庫) 形式，為方便與後續的三個資料庫建立連結與互動，在此將其加入 "我的雲端書櫃" 主頁擺放並轉換為 **Database-Inline** (行內資料庫)。

step 01 由側邊欄拖曳 "書籍清單" 頁面，至 "我的雲端書櫃" 頁面。

step 02 滑鼠指標移至 "書籍清單" 左側選按 ⠿ > **Turn into inline**，將 "書籍清單" 資料庫內容於主頁中展開。

ex
我的雲端書櫃
書籍清單
Add a page
Templates
Import
Trash

我的雲端書櫃

Show All

書籍清單

書籍名稱	狀態	金額	出版社
解憂雜貨店	已買	288	皇冠文化
超人氣FB+IG+LINE社群經營與行銷力	已買	500	碁峰
小王子的奇幻之旅	已買	320	好的文化
MASA10大超級食物	未買	350	日日幸福
Excel自學聖經(第二版)	已買	650	碁峰

✦ 加入更多行內資料庫

於 "我的雲端書櫃" 主頁，依序建立 "書籍分類"、"作者"、"出版社" 三個 **Database-Inline** (行內資料庫)。

step 01 於 "書籍清單" 資料庫檢視標籤左側選按 ＋ > **Database-Inline**，新增一個行內資料庫，並命名為「書籍分類」。

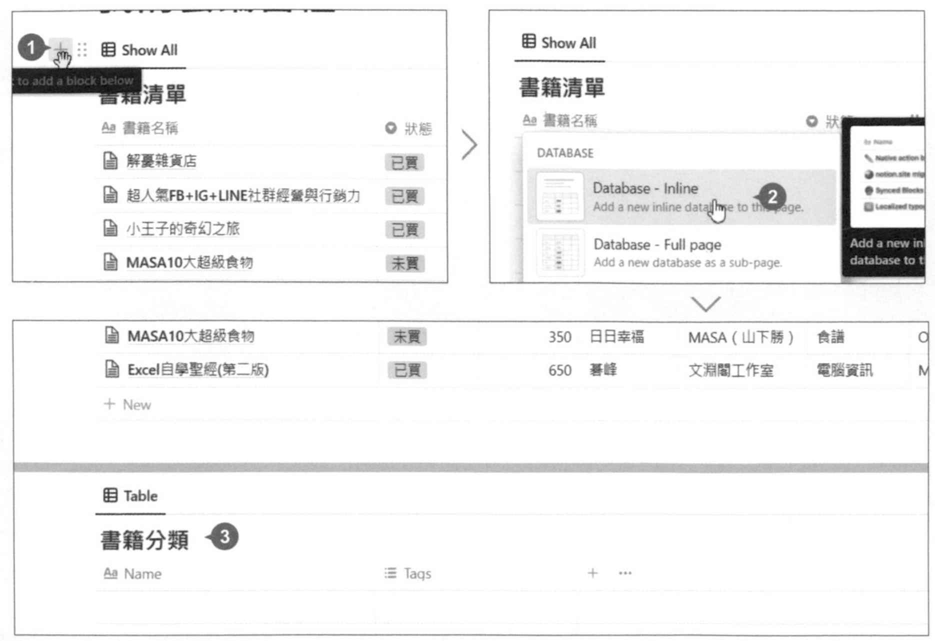

step 02 分別選按 "書籍分類" 資料庫第一、二項目名稱 > **Rename**，更名為「類型」、「小計」。

step 03 依 "書籍清單" 資料庫 "類型" 資料，為 "書籍分類" 資料庫 "類型" 填入相關內容；在此填入「文學小說」、「電腦資訊」、「食譜」。

Table

書籍分類

類型	小計
文學小說	
電腦資訊	
食譜	

+ New

step 04 依相同方法，於 "書籍分類" 資料庫下方新增一個 **Database-Inline**，並命名為「作者」，將 "作者" 資料庫一、二項目分別更名為「作者名稱」、「備註」(套用 **文字** 屬性類型)；接著依 "書籍清單" 資料庫 "作者" 資料，為 "作者" 資料庫填入相關內容。

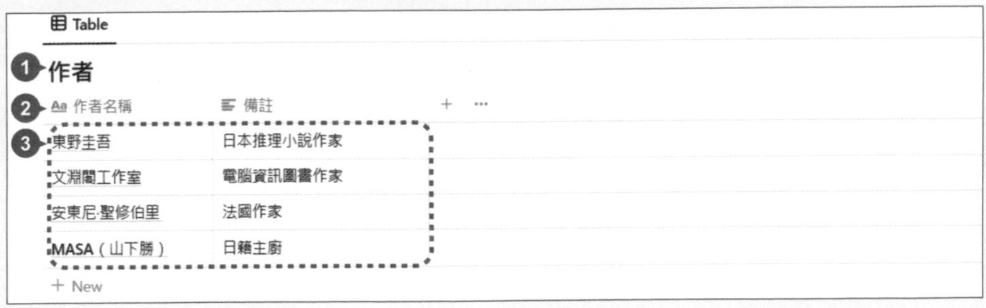
Table

1 **作者**

2

作者名稱	備註
東野圭吾	日本推理小說作家
文淵閣工作室	電腦資訊圖書作家
安東尼.聖修伯里	法國作家
MASA（山下勝）	日籍主廚

3

+ New

step 05 依相同方法，"作者" 資料庫下方新增一個 **Database-Inline**，並命名為「出版社」，將 "出版社" 資料庫一、二項目分別更名為「出版社名稱」、「官方網站」(套用 **URL** 屬性類型)；接著依 "書籍清單" 資料庫 "出版社" 資料，為 "出版社" 資料庫填入相關內容。

Table

1 **出版社**

2

出版社名稱	官方網站
皇冠文化	https://www.crown.com.tw/
碁峰	https://www.gotop.com.tw/
日日幸福	https://www.facebook.com/happinessalwaystw/
好的文化	https://www.books.com.tw/we

3

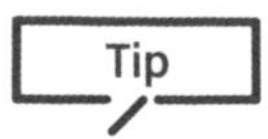

4 資料庫間的關聯建立與應用

藉由 "書籍清單" 資料庫輸入每本書籍資料的同時，相關資料會自動出現在 "書籍分類"、"作者" 與 "出版社" 資料庫中。

✦ 認識 Relation & Rollup

不同資料庫也許有部分項目會是相同的，要同時於二個資料庫間來回記錄，若一有疏忽就容易出錯，想要更聰明使用 Notion 資料庫，就必須了解 **Relation**、**Rollup** 這二個功能。

- **Relation** (關聯)：建立不同資料庫間的串聯關係，建立關聯後，即可取用彼此欄位資料。
- **Rollup** (歸納)：取得關聯資料庫特定項目資料，並顯示或計算。

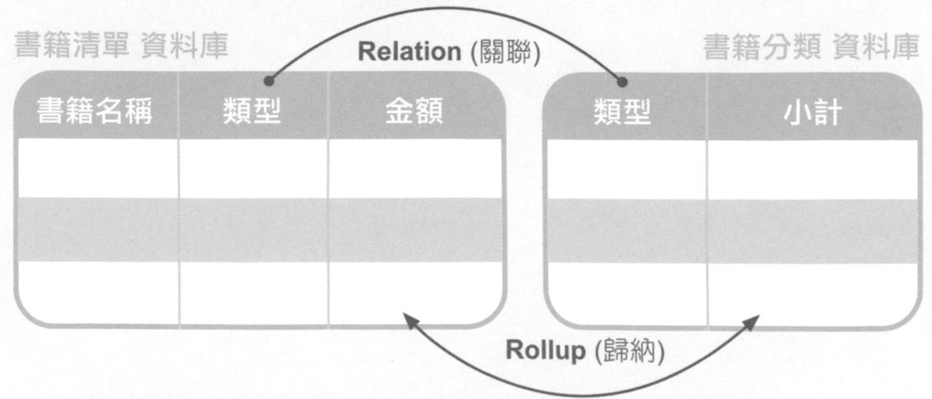

以 "我的雲端書櫃" 舉例說明：

- 目前 "書籍清單" 與 "書籍分類" 為各別獨立的二個資料庫，一旦使用 **Relation** 讓這二個資料庫相互關聯，於 "書籍清單" 指定了每本書的分類，即會於 "書籍分類" 資料庫看到書櫃中每個類型有哪些書籍。
- 再透過 **Rollup** 取得 "書籍清單" 資料庫中記錄每本書的金額，於 "書籍分類" 資料庫匯總計算每個類型的書籍數量或花費金額。

✦ Relation 資料庫關聯

首先設定 "書籍清單" 的 "類型" 項目與 "書籍分類" 資料庫關聯，由於 **Relation** 會令 "類型" 項目的原有資料消失，因此待關聯設定好再將資料補回。

step 01 選按 "書籍清單" 資料庫 "類型" 名稱 > **Edit property**。

step 02 指定 **Type**：**Relation**，**Relatedn to**：**書籍分類**，**Show on 書籍分類** 右側選按 ⚪ 呈 ⚪，最後選按 **Add relation**，完成資料庫關聯設定，並於 "書籍分類" 資料庫開啟相對應的項目。

"書籍清單" 資料庫 "類型" 左側圖示會呈 ↗ 狀，代表已套用 **Relation** 屬性類型，而 "書籍分類" 資料庫中也多了一個 "書籍清單" 項目。

選按 "書籍清單" 資料庫第一本書的 "類型" 項目，發現已取得 "書籍分類" 資料庫中預先輸入的資料，因此直接選按合適的類型或於 **Link or create a page...** 輸入新的類型項目 (可於空白處按一下取消清單)。

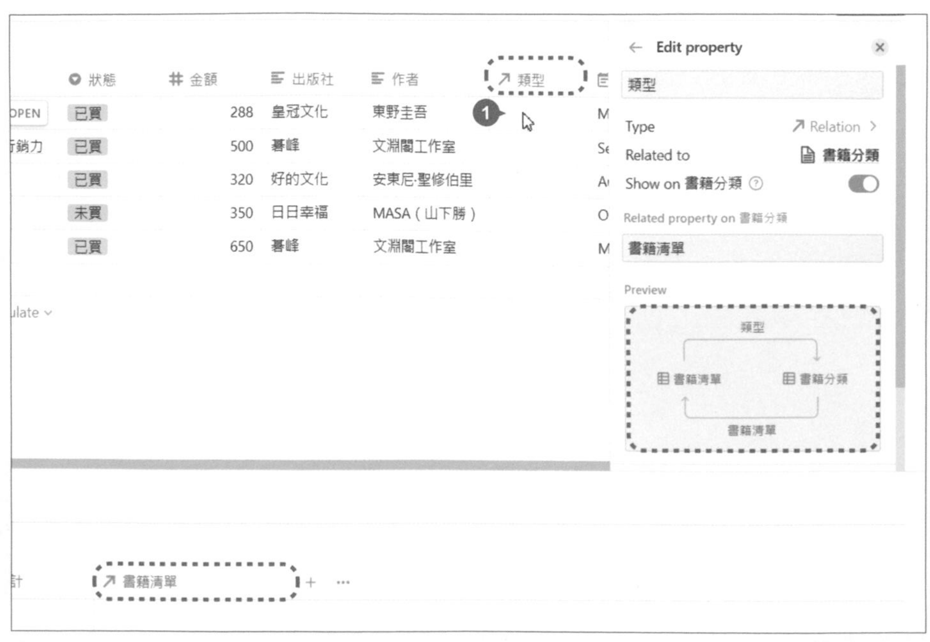

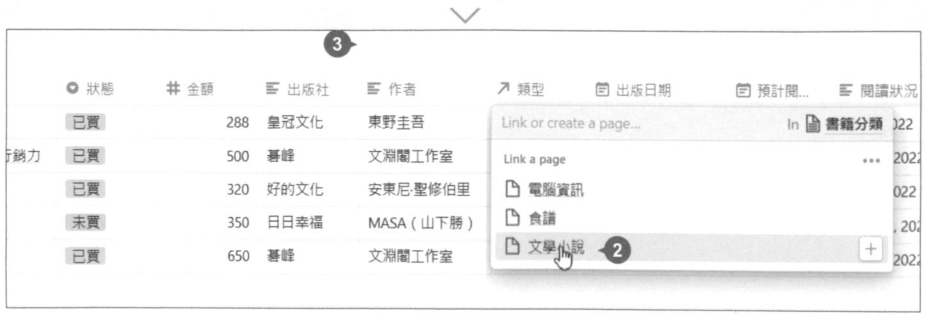

狀態	金額	出版社	作者	類型	出版日期	預計閱...	閱讀狀況
已買	288	皇冠文化	東野圭吾	文學小說	March 28, 2012	May 3, 2022	未讀
已買	500	碁峰	文淵閣工作室		September 30, 2020	May 10, 2022	已讀
已買	320	好的文化	安東尼·聖修伯里		August 7, 2015	May 15, 2022	已讀
未買	350	日日幸福	MASA（山下勝）		October 8, 2016	June 10, 2022	閱讀中

step 04 接著完成 "書籍清單" 資料庫其他書籍 "類型" 項目指定，而 "書籍分類" 資料庫的 "書籍清單" 中會看到已依指定類型自動出現相對應書籍名稱。

書籍清單

書籍名稱	狀態	金額	出版社	作者	類型	出版日期
解憂雜貨店	已買	288	皇冠文化	東野圭吾	文學小說	March 28, 20
超人氣FB+IG+LINE社群經營與行銷力	已買	500	碁峰	文淵閣工作室	電腦資訊	September 3
小王子的奇幻之旅	已買	320	好的文化	安東尼.聖修伯里	文學小說	August 7, 20
MASA10大超級食物	未買	350	日日幸福	MASA（山下勝）	食譜	October 8, 2
Excel自學聖經(第二版)	已買	650	碁峰	文淵閣工作室	電腦資訊	May 31, 202

書籍分類

類型	小計	書籍清單
文學小說		解憂雜貨店　小王子的奇幻之旅
電腦資訊		超人氣FB+IG+LINE社群經營與行銷力 Excel自學聖經(第二版)
食譜		MASA10大超級食物

依相同方法，分別完成：

■ "書籍清單" 的 "作者" 項目與 "作者" 資料庫關聯

■ "書籍清單" 的 "出版社" 項目與 "出版社" 資料庫關聯

由於 **Relation** 會令 "作者" 與 "出版社" 項目的原有資料消失，因此待關聯設定好再將資料補回。

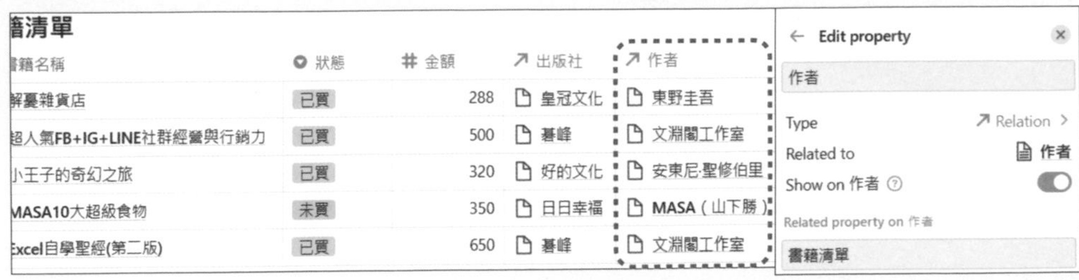

籍清單

籍名稱	狀態	金額	出版社	作者
解憂雜貨店	已買	288	皇冠文化	東野圭吾
超人氣FB+IG+LINE社群經營與行銷力	已買	500	碁峰	文淵閣工作室
小王子的奇幻之旅	已買	320	好的文化	安東尼.聖修伯里
MASA10大超級食物	未買	350	日日幸福	MASA（山下勝）
Excel自學聖經(第二版)	已買	650	碁峰	文淵閣工作室

籍清單

籍名稱	狀態	金額	出版社	作者
解憂雜貨店	已買	288	皇冠文化	東野圭吾
超人氣FB+IG+LINE社群經營與行銷力	已買	500	碁峰	文淵閣工作室
小王子的奇幻之旅	已買	320	好的文化	安東尼.聖修伯里
MASA10大超級食物	未買	350	日日幸福	MASA（山下勝）
Excel自學聖經(第二版)	已買	650	碁峰	文淵閣工作室

Edit property
出版社
Type　Relation
Related to　出版社
Show on 出版社
Related property on 出版社
書籍清單

作者

Aa 作者名稱	備註	↗ 書籍清單
東野圭吾	日本推理小說作家	解憂雜貨店
文淵閣工作室	電腦資訊圖書作家	超人氣FB+IG+LINE社群經營與行銷力 Excel自學聖經(第二版)
安東尼.聖修伯里	法國作家	小王子的奇幻之旅
MASA（山下勝）	日籍主廚	MASA10大超級食物

＋ New

出版社

Aa 出版社名稱	官方網站	↗ 書籍清單
皇冠文化	https://www.crown.com.tw/	解憂雜貨店
碁峰	https://www.gotop.com.tw/	超人氣FB+IG+LINE社群經營與行銷力 Excel自學聖經(第二版)
日日幸福	https://www.facebook.com/happinessalwaystw/	MASA10大超級食物
好的文化	https://www.books.com.tw/web/sys_puballb/books/?pubid=nicecul	小王子的奇幻之旅

✦ Rollup 歸納

Rollup 是計算二個相互關聯資料庫內的特定資料，並顯示在指定資料庫內，目前已使 "書籍清單" 與 "書籍分類" 資料庫相互關聯，接著想要在 "書籍分類" 資料庫取得 "書籍清單" 資料庫 "金額" 的值，計算各分類購書總金額。

step 01 選按 "書籍分類" 資料庫 "小計" 名稱 > **Edit property**，指定 **Type**：**Rollup**。

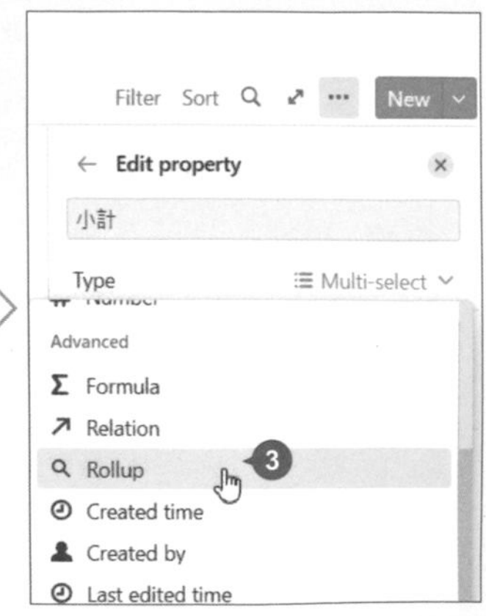

step 02 當屬性類型指定為 **Rollup**，接著指定 **Relation**：**書籍清單** 資料庫，**Property**：**#金額**，**Calculate** 為預設：**Show original**；可取得 "書籍清單" 資料庫 "金額" 的值，並列出每一本書的金額。

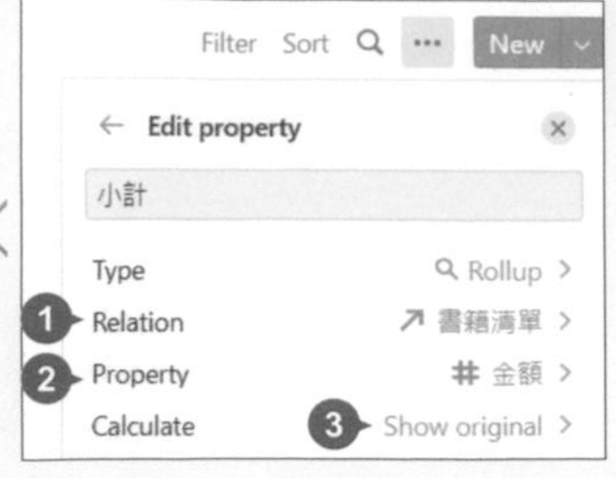

step 03 若設定 **Calculate**：**Sum** 可取得關聯資料庫指定項目中的金額，並計算各分類的購書總金額。(下方表格條列說明 **Rollup** 計算方式)

功能名稱	說明
Show original	顯示關聯屬性的內容
Count all	統計所有資料筆數
Count values	統計有資料的筆數
Count unique values	統計類型數量 (重複出現時只算一種)
Count empty	統計空值資料筆數
Count not empty	統計非空值資料筆數
Percen empty	統計空值資料筆數佔比
Percen Not empty	統計非空值資料筆數佔比

功能名稱	說明
Sum	加總
Average	平均
Median	中位數
Min	最小值
Max	最大值
Range	變異量數 (最大值 - 最小值)
Earliest date	最早日期
Latest date	最晚日期
Date range	日期範圍 (最晚日期 - 最早日期)

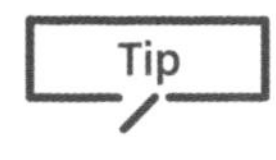

5 設計主畫面前的佈置

完成前面資料庫關聯後，可以開始佈置主頁。在 "我的雲端書櫃" 主頁，左側設置選單，右側設置內容區。

✦ 將行內資料庫轉換為整頁資料庫

前面完成資料庫的建立與連結互動，接著要將資料庫再轉換成 **Database-Full page** (整頁資料庫) 形式，方便設置選單。

step 01 於 "書籍清單" 資料庫 **Show All** 檢視標籤左側，選按 ⠿ > **Turn into page**，將 "書籍清單" 資料庫轉換成頁面連結 (頁面內即為整頁資料庫)。

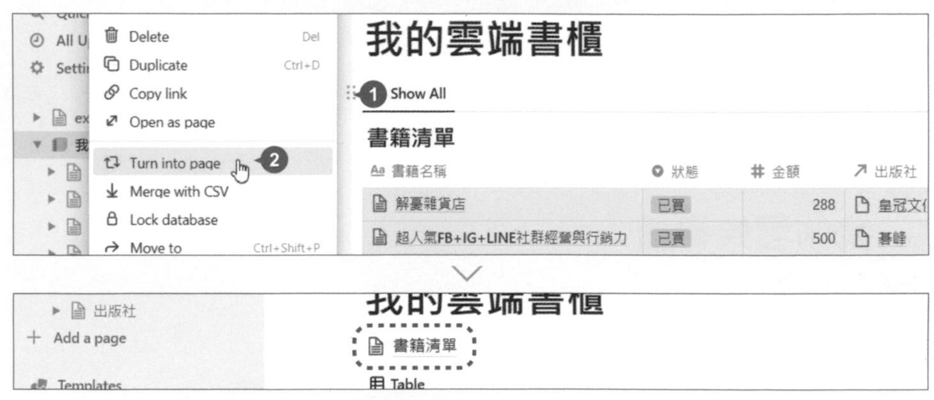

step 02 依相同方法，將 "書籍分類"、"作者"、"出版社" 資料庫，轉換成 **Database-Full page** (整頁資料庫) 形式。

✦ 佈置 "選單" 與 "內容區"

將 "我的雲端書櫃" 主頁分成二欄，左側設置選單，右側設置內容區。

step 01 "出版社" 頁面名稱下方空白區塊按一下滑鼠左鍵，輸入「分類選單」，按 Enter 鍵，再輸入「內容」。

我的雲端書櫃

書籍清單

書籍分類

作者

出版社

分類選單

內容

step 02 將 "分類選單"、"內容" 區塊調整成二欄式排法：滑鼠指標移至 "分類選單" 左側，按住 ⠿ 不放拖曳至 "書籍清單" 上方，再放開滑鼠左鍵，即可將項目移至第一列。

我的雲端書櫃

分類選單

書籍清單

書籍分類

作者

出版社

內容

step 03 滑鼠指標移至 "內容" 左側，按住 ⠿ 不放拖曳至 "分類選單" 最右側出現藍色線條，再放開滑鼠左鍵，即可將項目移至右側。

我的雲端書櫃

分類選單

內容

書籍清單

書籍分類

step 04 滑鼠指標移至 "內容" ⊞ 右側呈 ↔，可以拖曳調整欄寬。

我的雲端書櫃

分類選單 內容

書籍清單

書籍分類

作者

出版社

step 05 將滑鼠指標移至 "分類選單" 左側，選按 ⠿ > **Turn into** > **Callout** 可以美化版面。

Duplicate Ctrl+D

Turn into 2

Text

Heading 1

Heading 2

Heading 3

Page

To-do list

Bulleted list

Numbered list

Toggle list

Code

Quote

Callout 3

Block equation

Synced block

Toggle heading 1

我的雲端書櫃

1 分類選單 內容

書籍清單

書籍分類

作者

出版社

我的雲端書櫃

分類選單 內容

書籍清單

書籍分類

作者

出版社

6 設計同步區塊選單

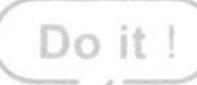

"我的雲端書櫃" 左側選單是使用 **Synced Block** (同步區塊) 建置，同步區塊中的內容可跨頁面同步更新與調整。

✦ 建立 Synced Block

Notion 中有些內容會一再重複出現於不同頁面，例如 "我的雲端書櫃" 左側選單，如果以傳統的複製、貼上方式來製作，一旦調整會需要一個個修改，既麻煩又花時間。Synced Block (同步區塊) 幫你節省重複內容修改所需花費的時間並提升正確性，若有修改也會同步更新。

step 01 滑鼠指標移至 "分類選單" 左側選按 ⠿ > **Turn into** > **Synced block**。

step 02 滑鼠指標移至 "分類選單" 時會出現紅色標記框，提醒你這個區塊是 Synced Block。

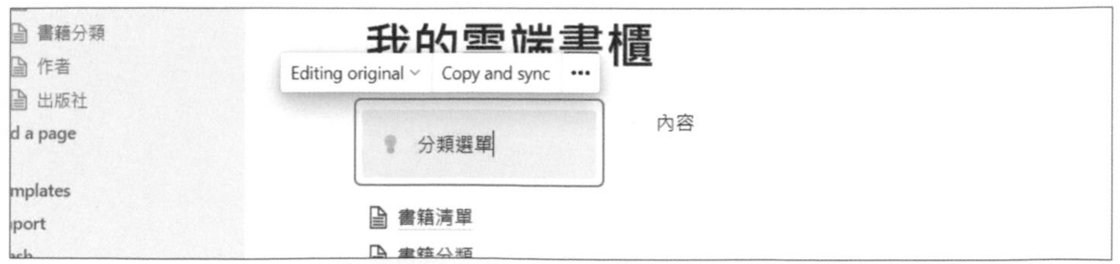

✦ 佈置選單項目

Synced Block 中可以是文字、項目符號、清單、圖片、影片、頁面連結、資料庫...等，將佈置好的 Synced Block 擺放於各分類頁面，即可讓你簡單擁有同步區塊選單。

step 01 輸入線移至 "分類選單" 右側，按 Enter 鍵，輸入選單項目名稱「所有書籍」。"所有書籍" 左側選按 ⠿ > **Turn into** > **Page**，將其轉換為頁面。

step 02 接著按二下 Enter 鍵，再輸入「---」產生分隔線。

step 03 滑鼠指標移至下方資料庫頁面項目左側，按住 ⠿ 不放——拖曳至分隔線下方。

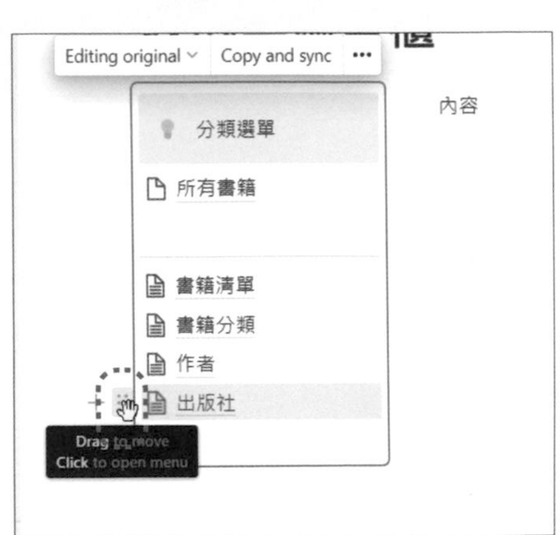

以上完成選單的初步建置，待右側內容區塊配置好會再接續完成。

設計主單元頁面

主單元頁面將結合已建置的資料庫，以 **Gallery** (畫廊) 檢視模式呈現，藉由書籍封面與相關資訊來管理書櫃。

✦ 建立 Gallery view

Gallery view 特點是以圖卡管理，適合資料庫中有圖片資料時使用，在此指定 "書籍清單" 資料庫以 Gallery view 來呈現。

step 01 選取「內容」二字，輸入「/g」，選按 **Gallery view**。

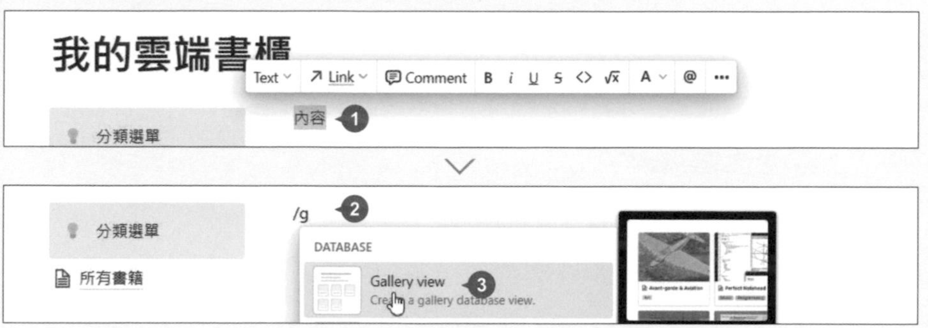

step 02 **Select data Source** 選按 **書籍清單**，再選按 **Show All** 項目，取得該資料庫資料。

step 03 筆者使用時，雖然前面指定要加入 Gallery view，但出現的仍是 Table view，需再於資料庫右上角選按 ⋯ > **Layout** > **Gallery**，指定套用 **Gallery** 檢視模式。(若加入時已是 Gallery view 則不需執行此步驟)

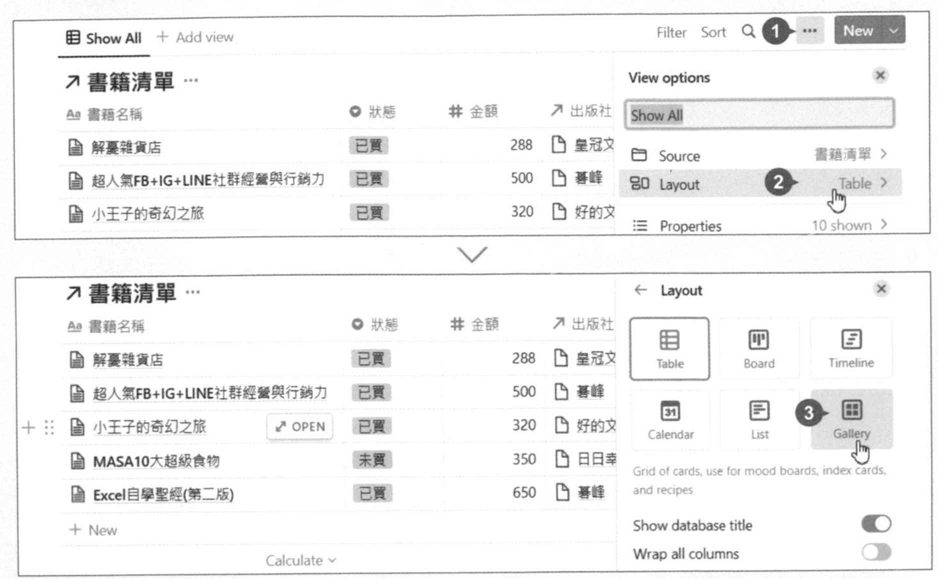

✦ 建立書籍封面項目

為 "書籍清單" 資料庫新增一個 "書籍封面" 屬性，存放封面圖檔，待後續可以指定為 Gallery view 的圖卡。

step 01 選按 Gallery view 任一本書籍項目開啟頁面，最後一個屬性下方選按 **+ Add a property**。

step 02 輸入名稱「書籍封面」、設定屬性類型 **Type**：**Files & media**。

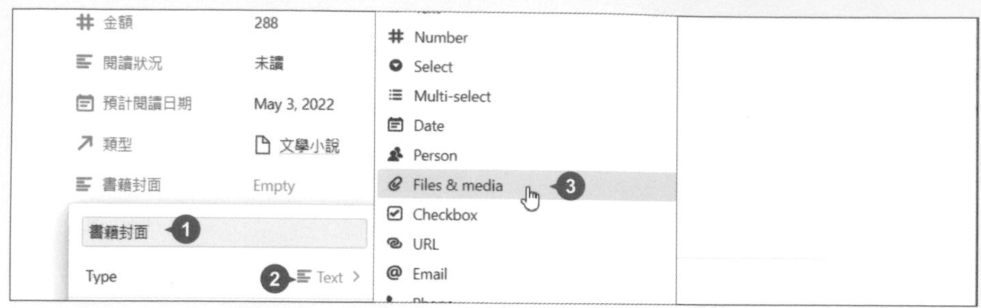

step 03 選按 "書籍封面" 右側項目 **Empty**，再選按 **Choose a file**，可加入封面圖檔。

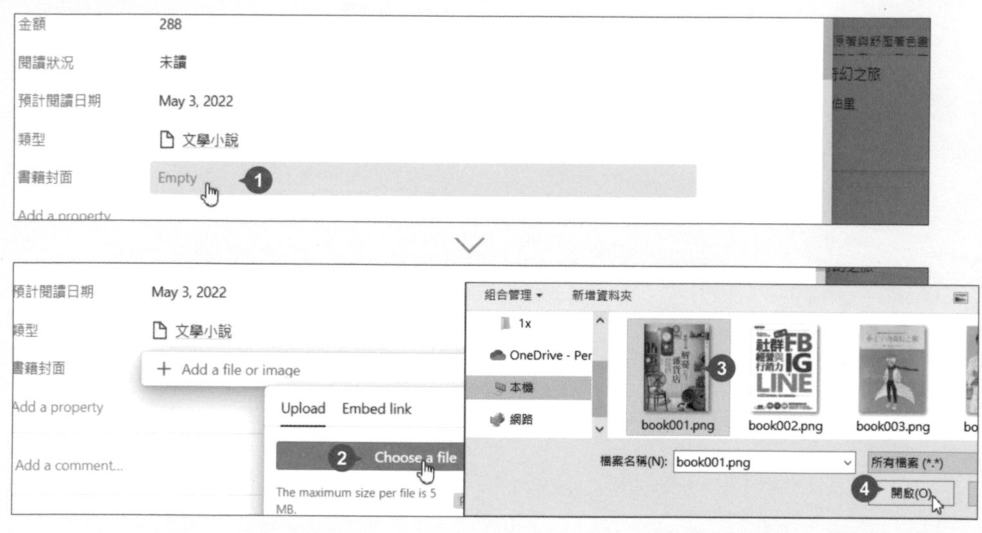

step 04 選按頁面 ⌄ 可切換至下一本書籍資料頁，於 "書籍封面" 屬性項目中加入相關封面圖檔，依相同方法，為其他書籍也加入封面圖檔。

s page
Share
作者 東野圭吾
出版日期 March 28, 2012
出版社 皇冠文化
狀態 已買
評分 ★★★★

✦ 設定 Gallery view 圖卡

Gallery view 圖卡可指定顯示項目、圖卡大小與顯示區。

step 01 資料庫右上角選按 ⋯ > **Layout**，可在下方指定標題與圖卡屬性：**Show database title** (顯示標題)、**Card preview** (圖卡預覽)、**Card size** (圖卡大小) 與 **Fit image** (完整顯示)；此範例設定 **Card preview：書籍封面**，**Card size：Medium**。

step 02 除了圖卡，下方僅出現屬性類型為 Aa (**Title**) 的資料，在此為 "書籍名稱"，其他資料需指定開啟，資料庫右上角選按 ⋯ > **Properties**。

step 03 屬性名稱右側選按 [eye icon] 可切換隱藏、顯示模式，[eye icon] 顯示模式會移至 **Shown in gallery** 清單，即會於圖卡下方出現 (按住屬性名稱左側 [drag icon] 上下拖曳可調整先後順序)。

step 04 Gallery view 若不是以 **Fit image** 顯示，超出可視區的部分會無法看到，可以於圖卡上方選按 **Reposition**，再將滑鼠移至圖片上方呈 [move icon] 狀，拖曳調整圖卡後選按 **Save position** 儲存。

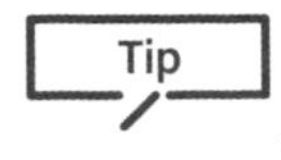

8 設計各單元頁面

結合 **Synced Block** (同步區塊) 與 **Gallery** (畫廊) 檢視模式呈現，並指定篩選。

✦ 配置二欄式單元頁面

分類選單中，包含 "所有書籍"、"食譜"、"文學小說"、"電腦資訊" 四個單元，由 "所有書籍" 開始著手配置單元頁面內容。

step 01 於主頁選按選單任一區塊，會出現 **Synced Block** 紅色標記框，標記框上方選按 **Copy and sync** 複製此同步區塊。

step 02 選按 "所有書籍" 進入該頁面。

step 03 為方便後續設定將頁面調整為寬版檢視：頁面右上角選按 ··· > **Full width** 右側 ⚪ 呈 ⚪ (於空白處按一下取消清單)。

step 04 "所有書籍" 下方按一下滑鼠左鍵，輸入「/2c」，選按 **2 Columns**，即可於該行以二個並排區塊呈現。

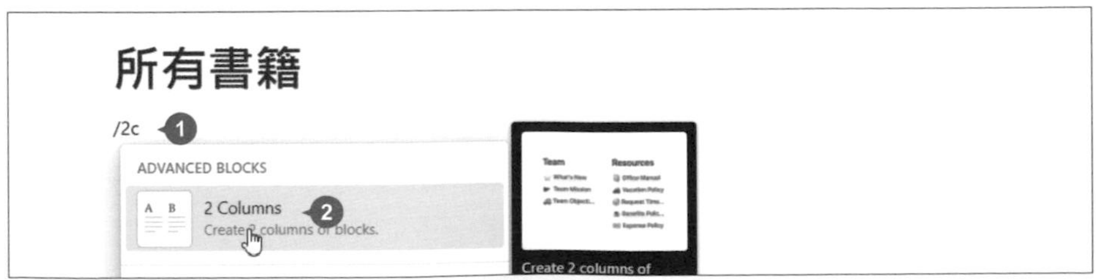

step 05 滑鼠指標移至二個區塊中間，滑鼠指標呈 ↔ 狀，可以拖曳調整欄寬。

step 06 於左側欄按一下滑鼠左鍵，再按 Ctrl + V 鍵貼上前面複製的 **Synced Block**。

step 07 頁面上方選按 **我的雲端書櫃** 可回到主頁，於 "書籍清單" 資料庫檢視標籤左側選按 ⠿ > **Copy link**。

step 08 選按選單 "所有書籍" 開啟頁面，於右側欄按一下滑鼠左鍵，再按 Ctrl + V 鍵貼上前面複製的資料庫，選按 **Create linked view of database**。

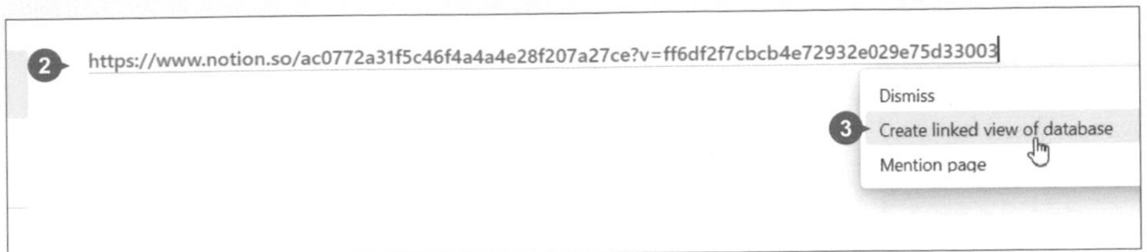

step 09 選按 ▦ **Show All** 資料庫會以 Gallery view 呈現，再變更這個單元的 view 標籤為「所有書籍」。

✦ 複製單元頁面

複製完成的 "所有書籍" 頁面，建置 "食譜"、"文學小說"、"電腦資訊" 單元頁面。

step 01 滑鼠指標移至選單 "所有書籍" 右側，選按 ··· > **Duplicate** 複製頁面，選按 "所有書籍(1)" 開啟頁面。

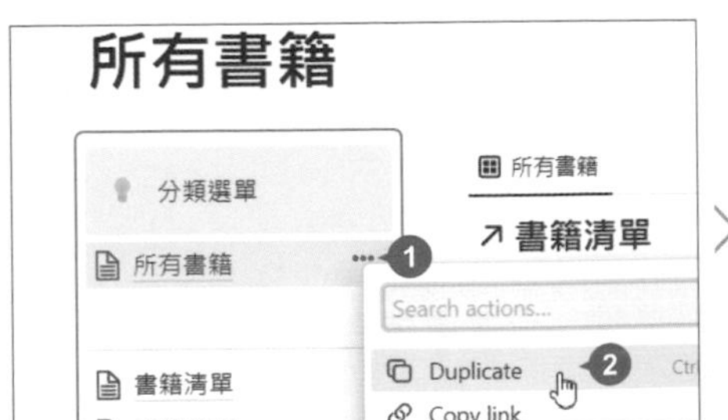

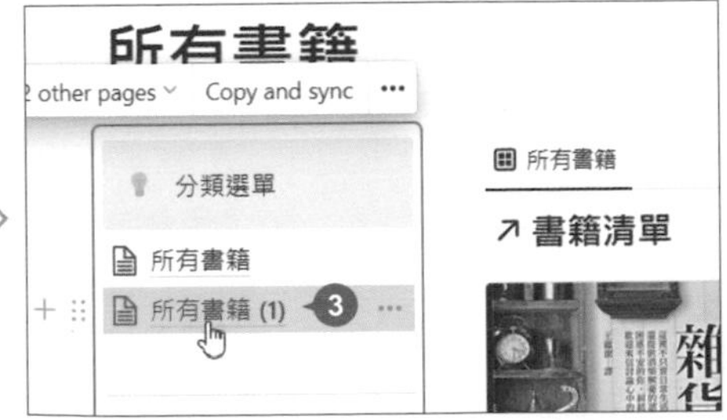

step 02 變更此頁面名稱：選取 "所有書籍(1)"，輸入「食譜」，選單中即同步更名為 "食譜"，再變更這個單元的 view 標籤為「食譜」。

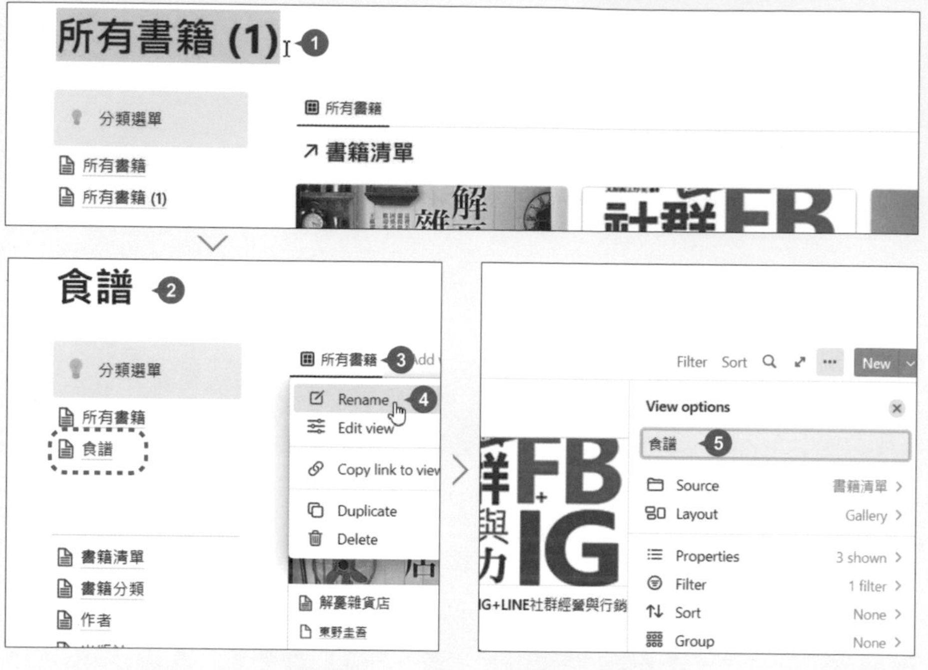

step 03 滑鼠指標移至選單 "食譜" 右側，選按 ⋯ > **Duplicate** 複製頁面，選按 "食譜(1)" 開啟頁面。

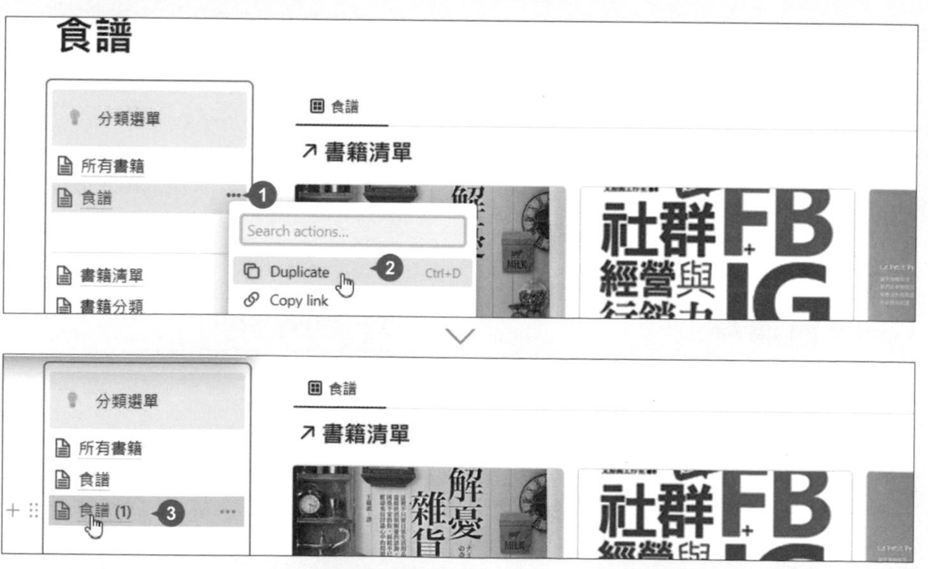

變更此頁面名稱為「文學小說」，再變更這個單元的 view 標籤為「文學小說」。

step 05 滑鼠指標移至選單 "文學小說" 右側，選按 ··· > **Duplicate** 複製頁面，選按 "文學小說(1)" 開啟頁面。

step 06 變更此頁面名稱為「電腦資訊」，再變更這個單元的 view 標籤為「電腦資訊」，即完成選單項目及相關頁面的建立。

✦ 依書籍分類指定篩選

"我的雲端書櫃" 的最後一項設定，進入各分類單元頁面，依類型指定篩選，在此以 "食譜" 分類示範，"文學小說" 及 "電腦資訊" 分類操作方式相同。

step 01 選按分類選單 "食譜" 開啟頁面，再選按資料庫右上角 **Filter > 類型** (選按 ** more 可展開其他屬性類型)。

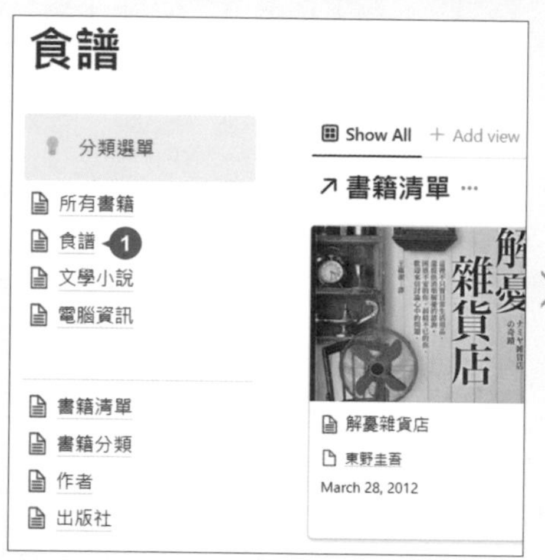

step 02 "類型" 目前有三個項目，選按 "食譜" 為篩選條件，這樣此頁面僅會顯示 "書籍清單" 資料庫中類型為 "食譜" 的相關書籍。

9 設計閱讀時間軸頁面

"閱讀時間軸" 單元，預計將 "書籍清單" 資料庫的 "預計閱讀日期" 資料轉換成 Timeline view，方便你安排及執行書籍閱讀計劃。

✦ 配置選單與頁面內容

首先依前面示範的方式，完成 "閱讀時間軸" 選單與頁面內容整理：

step 01 複製選單中 "電腦資訊" 頁面項目，選按 "電腦資訊(1)" 開啟頁面，再變更頁面名稱為「閱讀時間軸」以及 view 標籤為「閱讀時間軸」。

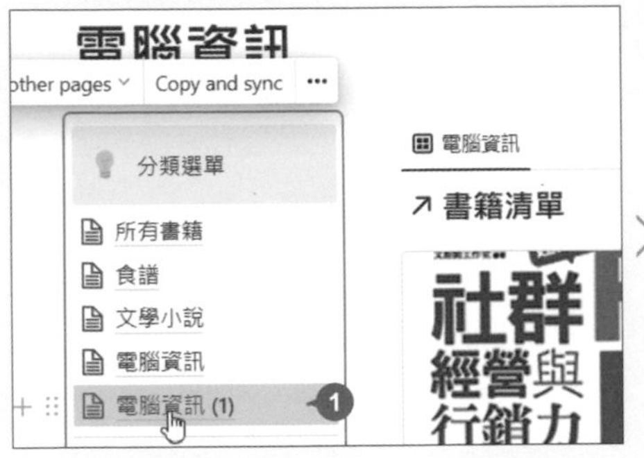

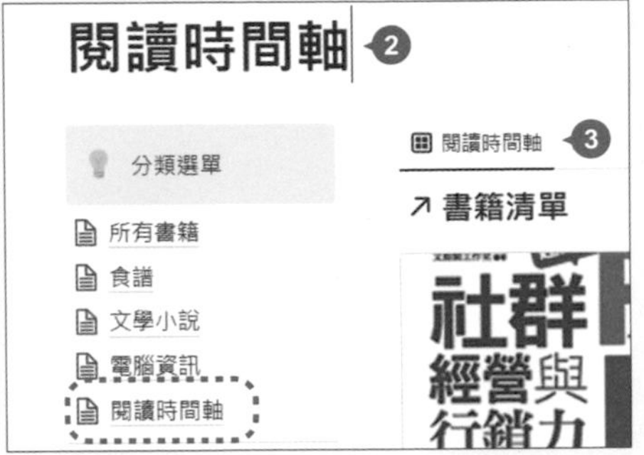

step 02 資料庫右上角選按 **Filter**，再選按篩選標籤 > ⋯ >**Delete filter**，刪除篩選後選按 **Save for everyone**，儲存目前的設定。

✦ 建置 Timeline view

Timeline view 藉由日期或時間羅列，常用於專案活動、任務排程...等。

step 01 資料庫右上角選按 ⋯ > **Layout** > **Timeline**，指定套用 **Timeline** 檢視模式。

step 02 **Layout** 清單下方可指定標題與時間軸屬性：**Show database title** (顯示標題)、**Show timeline by** (時間軸依據)、**Separate start and end dates** (開始與結束日期)；此範例設定 **Show timeline by：預計閱讀日期**，可看到時間軸已依據 "書籍清單" 資料庫 "預計閱讀日期" 資料呈現。

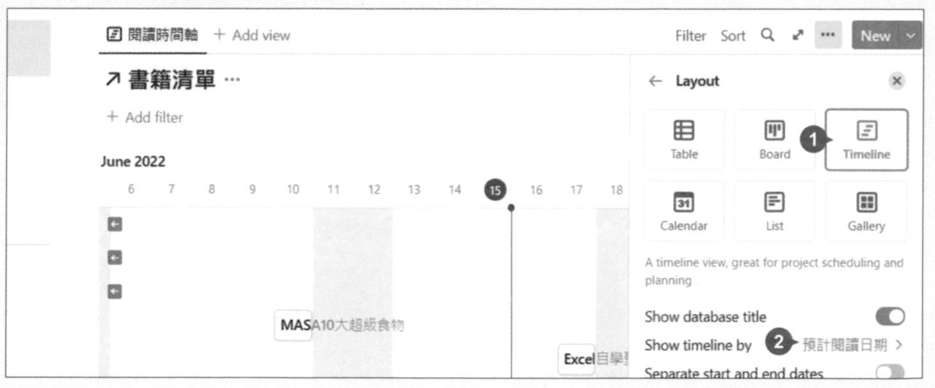

step 03 資料庫右上角選按 ⋯ > **Properties**，於 "閱讀狀況" 屬性名稱右側選按 👁 切換為顯示模式，即可與書籍名稱同時顯示於時間軸中。

step 04 時間軸上選按各書籍項目開啟頁面，選按 "預計閱讀日期" 日期資料，清單中開啟 **End date** 項目，即可記錄完成日期，回到時間軸則以日期區段顯示。

PART 06

計劃管理表

快速套用範本

單元重點

透過免費範本加速建置自己的資料以及探索官方、高手設計分享的 Notion 範本，學習並加強操作技巧。

- ☑ 範本的使用方式
- ☑ 依情境選擇合適的範本分類
- ☑ 更多範本哪裡找？
- ☑ 將喜歡的範本取回使用

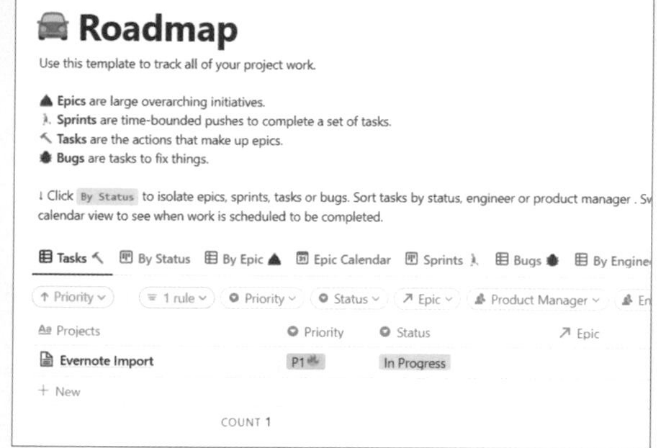

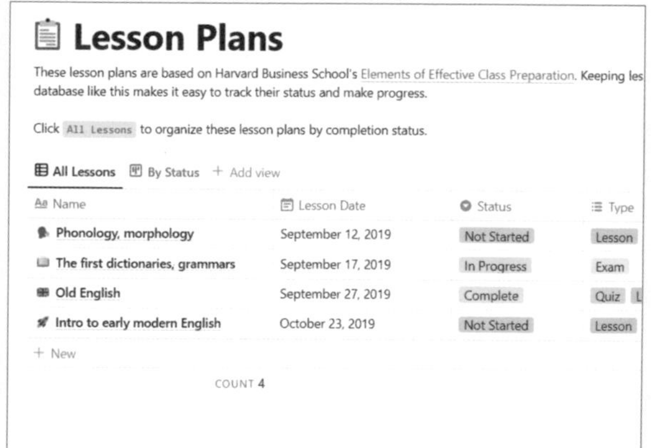

Notion 學習地圖 \ 各章學習資源

作品：Part 06 計劃管理表 - 快速套用範本 \ 單元學習檔案

1 範本的使用方式

想要建立特定主題頁面，常會因為功能不熟悉，不知道該如何開始，這時可以套用並參考範本內容快速建立。

step 01 開啟 Notion 範本有二種方法，可於側邊欄選按 **Templates**；或於新頁面選按 **Templates**。

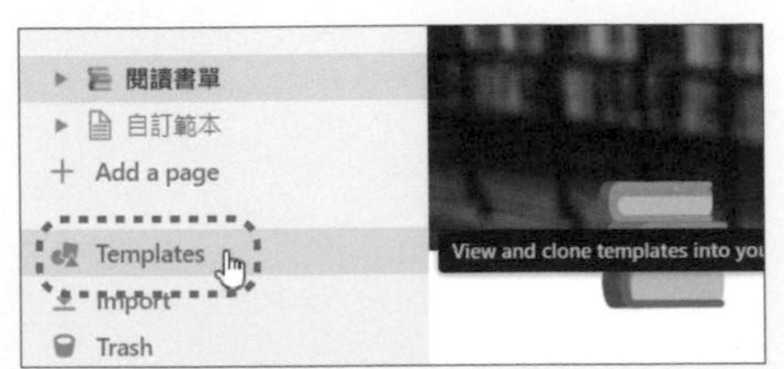

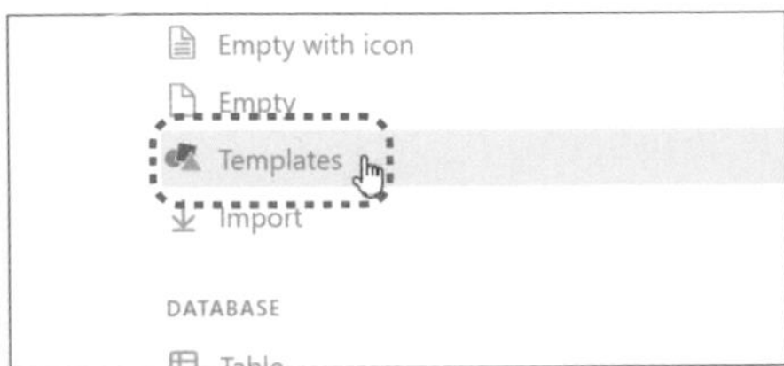

step 02 視窗右側為範本分類，每個分類包含多個範本主題，透過選按展開與選擇合適範本後，再選按 **Use this template** 開啟，之後根據自己的使用習慣修改範本、建置資料。

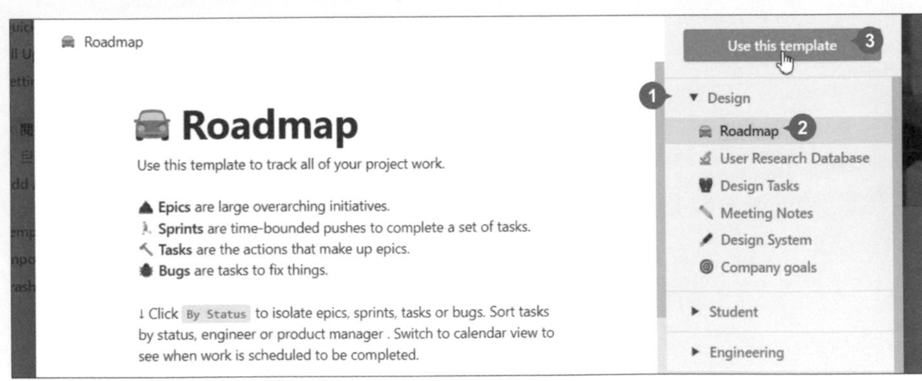

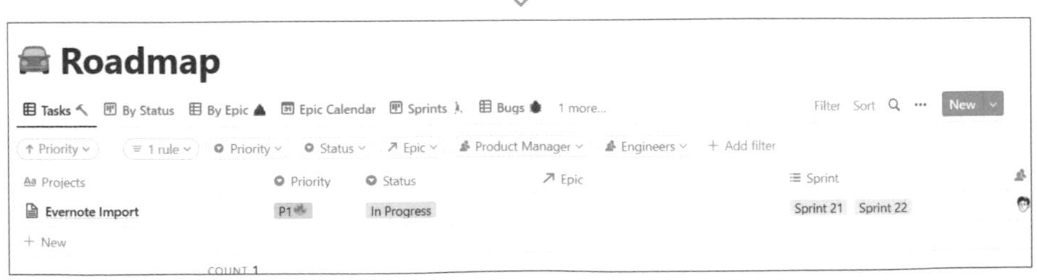

Tip

2 依情境選擇適合的範本分類

Notion 擁有多款免費範本提供使用者工作、生活或學校使用，範本種類多元，適用於各類情境。

Notion 根據不同需求與目的，分類整理於範本視窗右側：

- **Design** (設計)
- **Sudent** (學生)
- **Engineering** (工程)
- **Human resources** (人力資源)
- **Marketing** (市場行銷)
- **Personal** (個人)
- **Other** (其他)
- **Product management** (產品管理)
- **Sales** (銷售)
- **Support** (支援)

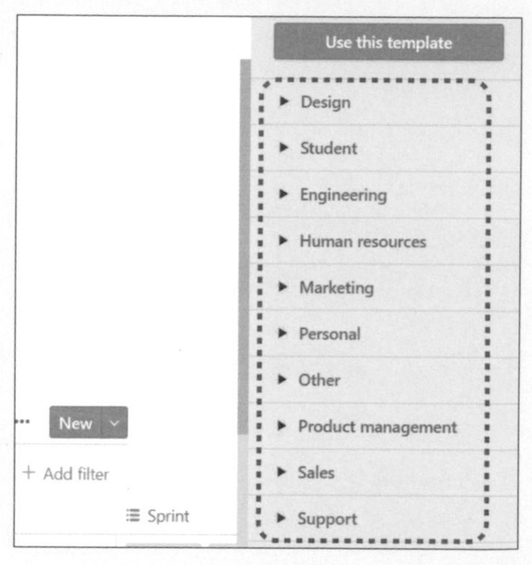

每種分類可選按 ▸ 展開並瀏覽所屬的範本清單，以圖中 **Sudent** (學生) 類別為例，提供如 **Class Notes** (上課筆記)、**Job Application** (工作申請)...等範本，你可以依照需求選按預覽，或進一步使用。(再選按 ▾ 可折疊範本清單)

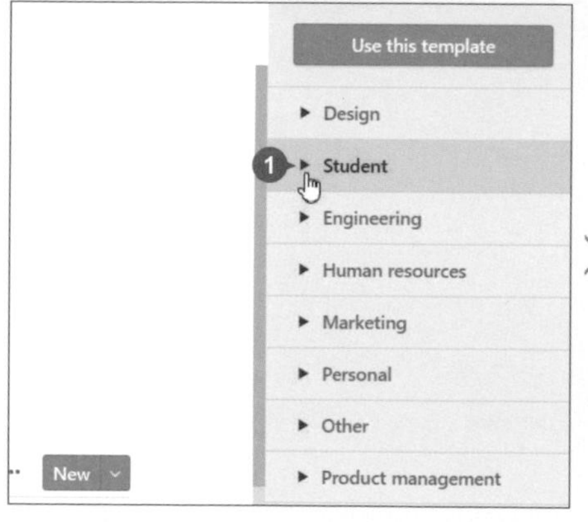

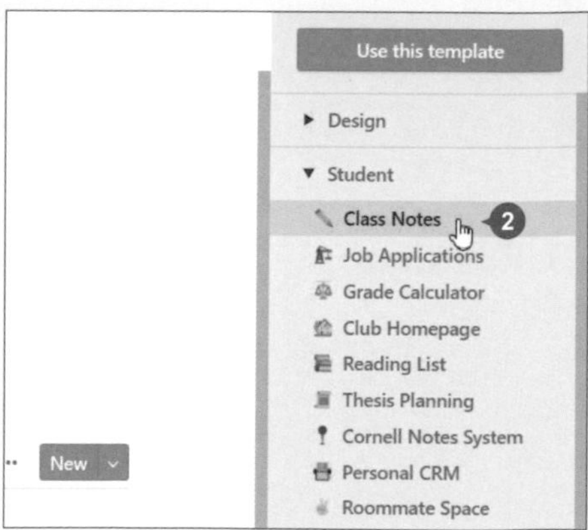

3 更多範本哪裡找？

Notion 範本不僅限於內建的分類，另有官方提供，或是社群、素材網站整理的範本可供使用。

✦ 官方更多範本依分類尋找

除了範本視窗內建的分類外，也可以選按 **Browse more templates** 開啟官方 **Template Gallery** 網頁找到更多範本。

Template Gallery 首頁右側顯示了 **Templates of the month** (本月範本) 與 **Notion Picks** (Notion 精選) 資訊，左側則整理了更多範本分類。

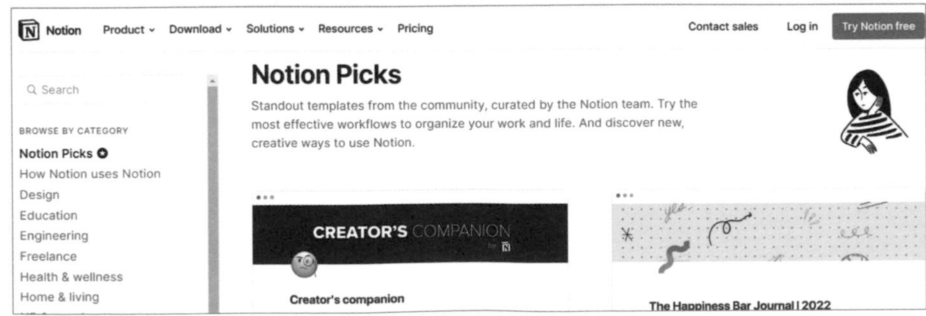

✦ 官方更多範本依關鍵字尋找

官方 **Template Gallery** 首頁除了可以藉由預設分類或精選尋找範本，還可以於搜尋列輸入關鍵字，如：To Do List (待辦清單)、Travel Planner (旅行計畫)、Simple Budget (預算表)、Class Notes (上課筆記)、Task List (任務清單)...等，尋找特定主題範本。

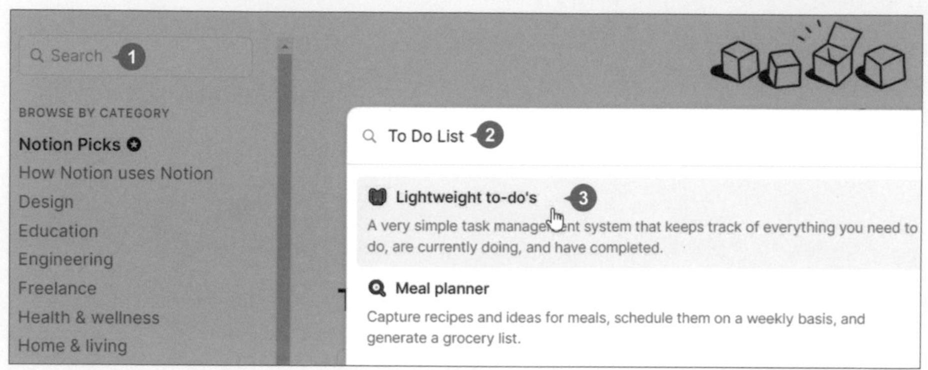

✦ 其他 Notion 範本下載推薦

以下提供二個非官方 Notion 範本的免費資源：

■ 粉絲召集範本大集合：https://notionpages.com/

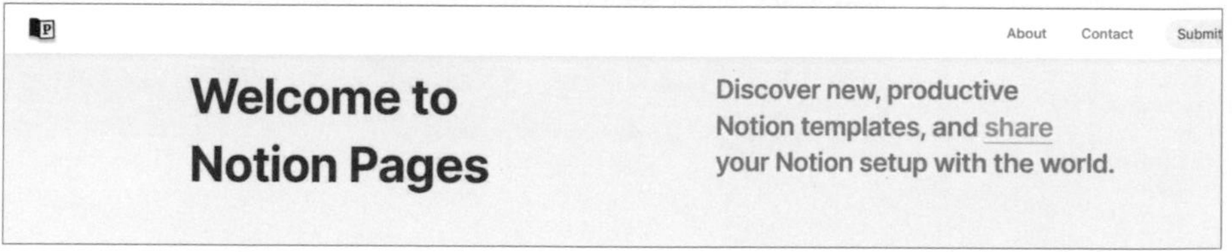

■ Gridfiti 素材網站：https://gridfiti.com/free-notion-templates/

4 將喜歡的範本取回使用

不管是官方內建或非官方的範本，都無法即開即用，必須透過簡單的下載，才可以將喜歡的範本複製到自己的工作區來使用。

step 01 進入 Notion 主頁「https://www.notion.so/」，登入帳號。

step 02 以 Notion 官方網站提供的更多範本為例 (https://www.notion.so/templates)，於左側選按分類，於右側選按想要使用的範本縮圖。

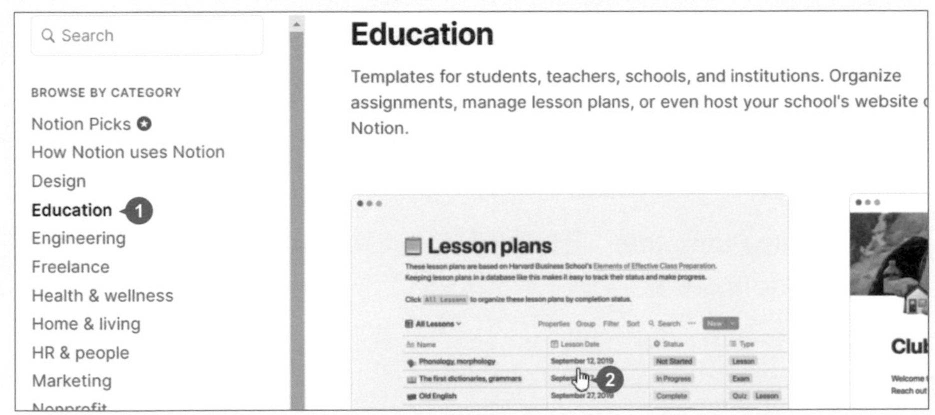

step 03 進入該範本說明頁面，於右側 **DUPLICATE INTO** 下方選擇要載入範本的工作區，再選按 **Duplicate template** (右側範本名稱下方會標註此範本為 **Free** (免費) 或金額 (需付費)，若選擇付費範本，請依官網說明付費後方即可使用。)。

複製的範本就會出現在指定的工作區，側邊欄也會看到該範本名稱。

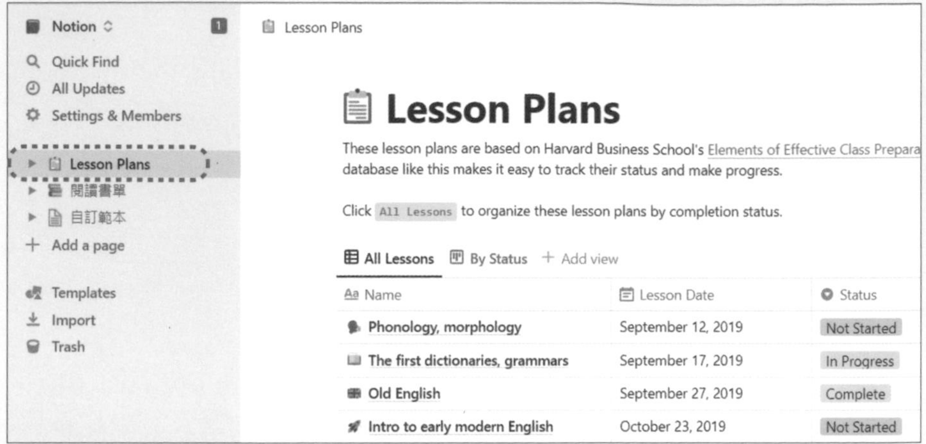

小提示

其他 Notion 範本複製取回的方式

- 選按 **View template** 或該平台顯示的範本連結，於範本頁面右上角選按 **Duplicate** 複製取回。(若沒有看到 **Duplicate**，代表此範本不開放複製)

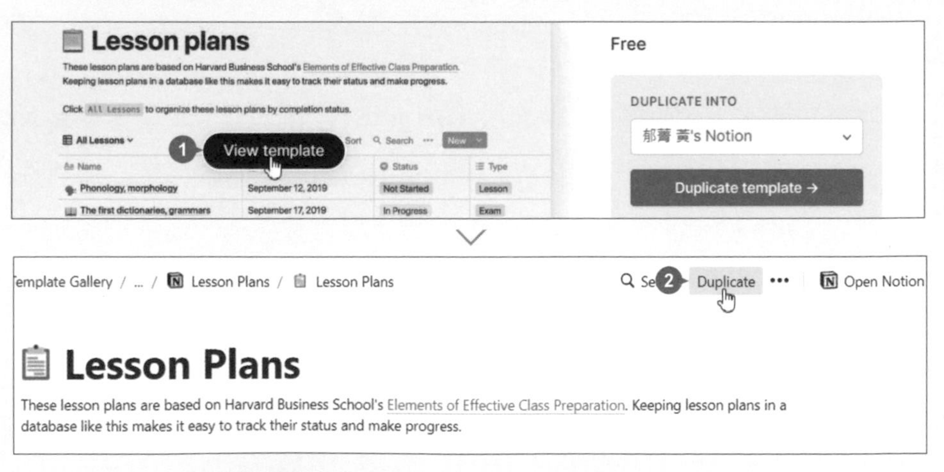

- 複製範本時，需留意為 **Free** (免費) 或付費。

PART

07

個人化主頁

工具與資料連結

單元重點

將散亂的筆記、專案或資料庫...等有系統的整合在同一個頁面，可以快速切換與管理。

- ☑ 佈置主頁文字與圖片
- ☑ 加入天氣預報顯示氣象資訊
- ☑ 加入動態時鐘顯示日期和時間
- ☑ 建立連結頁面
- ☑ 反向連結串連多個頁面
- ☑ 建立連結資料庫

Notion 學習地圖 \ 各章學習資源

作品：Part 07 個人化主頁 - 工具與資料連結 \ 單元學習檔案

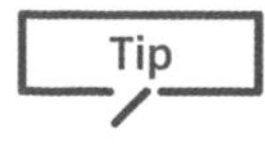

1 佈置主頁文字與圖片

Notion 個人主頁就像網站首頁包羅萬象，你可以依照想要呈現的目的及使用習慣來佈置頁面內容。

✦ 確認目標與版面

個人主頁的內容不是有什麼、就放什麼！建議製作前先想好版面中要 "包含" 與 "不包含" 的，以及希望呈現的型態。

個人主頁一般會先依自己喜愛的主題風格，佈置封面圖片、圖示與命名，再加入標題，分類列項目前已於 Notion 建立的資料內容，部分頁面可設計成由連結進入，常用內容則可直接佈置於主頁；除此之外還可以加入一些設計元素，例如：圖片、標註、線段或創意元素，例如：天氣預報、日期與時間工具...等，並透過多欄式排版優化個人主頁的視覺呈現與動線安排。

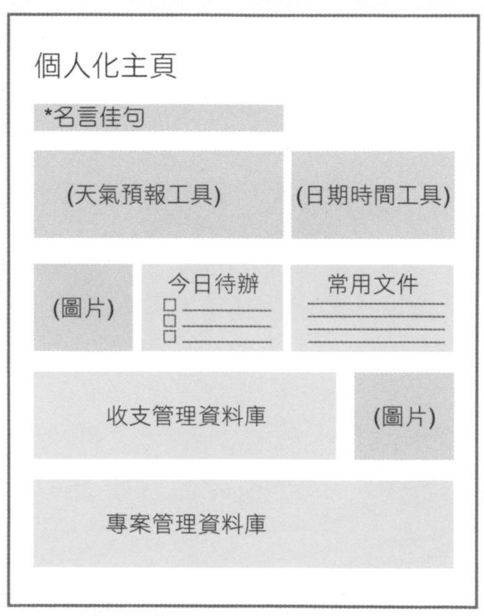

✦ 新增頁面與命名

step 01 側邊欄選按 **+ Add a page** 新增頁面，選按 **Untitled** 輸入頁面名稱「個人化主頁」。

個人化主頁

Press Enter to continue with an empty page, or pick a ten

Empty with icon

Empty

step 02 滑鼠指標移至側邊欄 **個人化主頁**，按滑鼠左鍵不放拖曳至頁面區的第一順位擺放。

(頁面區中需有前面各單元練習的作品頁面，以方便後續佈置於主頁中，若無相關作品頁面，可於學習地圖此章學習重點：**單元學習檔案 \ 原始檔** 中取得。)

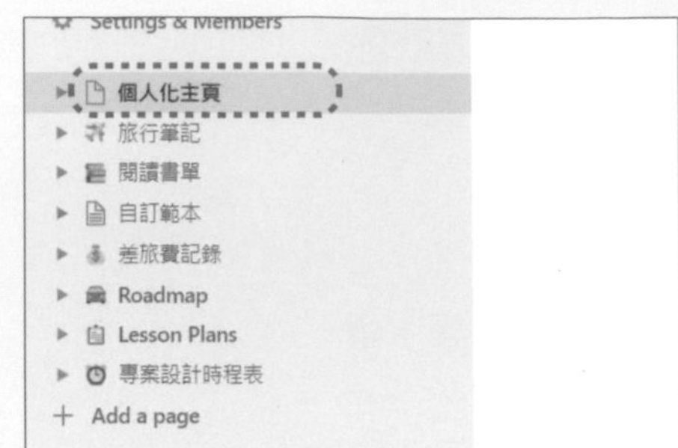

✦ 圖示、封面與頁面調整

step 01 首先佈置頁面上方的圖示與封面圖。(可參考 P2-4~P2-5 操作)

step 02 頁面右上角選按 ⋯ > **Full width** 右側 ⊂○ 呈 ○⊃ (於空白處按一下取消清單)，將頁面調整為寬版，方便後續設計為多欄式排版。

✦ 建立標註與標題

step 01 頁面名稱下方按一下滑鼠左鍵，輸入「/c」，選按 **Callout**，新增標註，接著輸入一段名言或佳句並調整圖示。

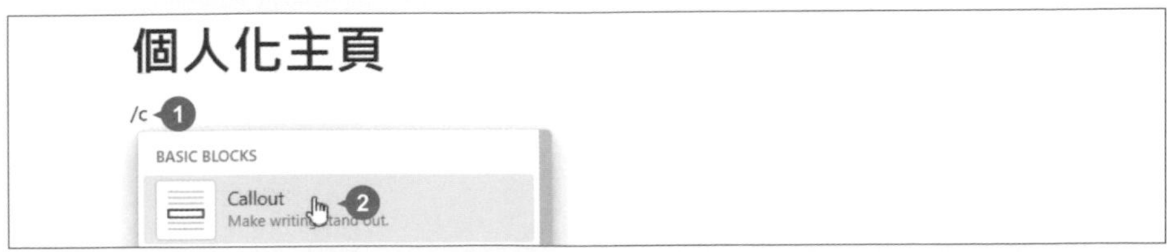

努力現在，成就未來！

step 02 按一下 Enter 鍵，於新增區塊輸入「/h3」，選按 **Heading 3**，接著輸入「今日待辦」。

step 03 依相同方法，輸入另外三個 **Heading 3**，分別是「常用文件」、「收支管理」與「專案管理」。

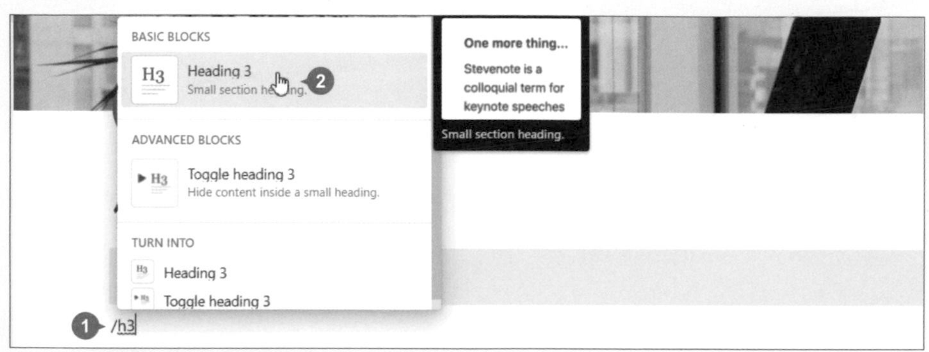

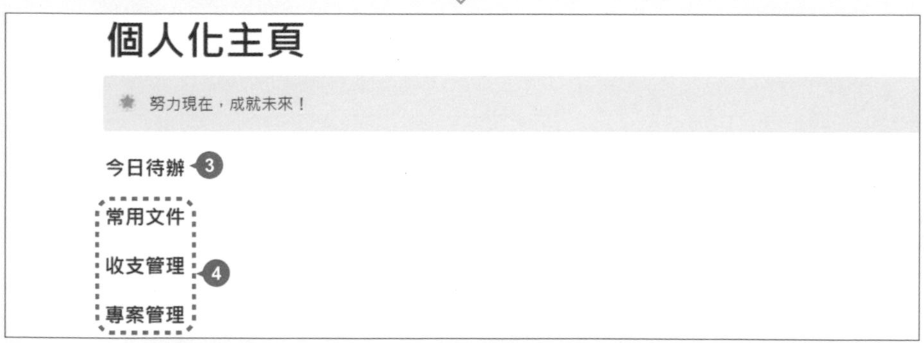

step 04 滑鼠指標移至 "今日待辦" 左側選按 ⋮⋮ > **Color** > **Red background**，套用背景顏色。

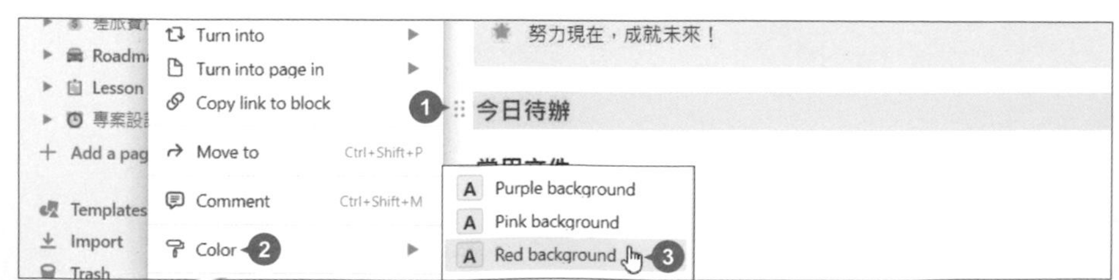

step 05 依相同方法，為另外三個 **Heading 3**，分別套用 **Blue background**、**Yellow background**、**Green background** 背景顏色。

努力現在，成就未來！

今日待辦

常用文件

收支管理

專案管理

✦ 插入圖片

step 01 滑鼠指標移至 "努力現在..." 左側選按 [+] > **Image**，於 **Unsplash** 搜尋欄位輸入「work」關鍵字，選按合適圖片插入。

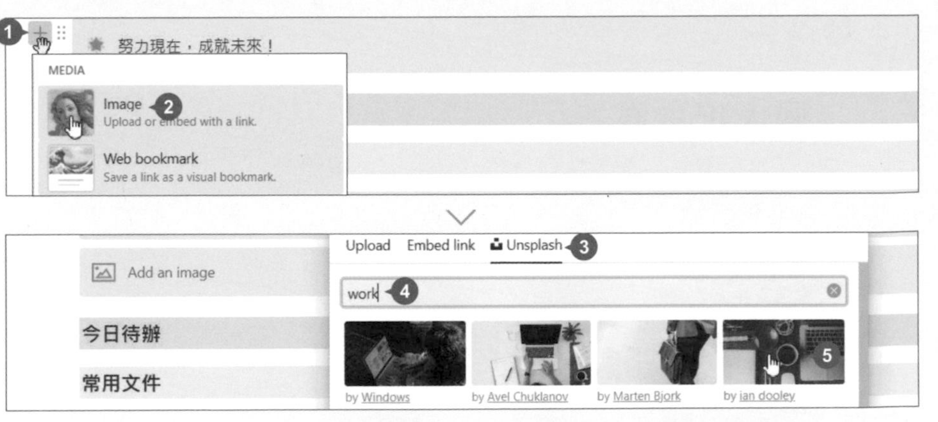

step 02 滑鼠指標移至圖片右側邊框呈 ⟺，拖曳可等比例調整圖片大小。

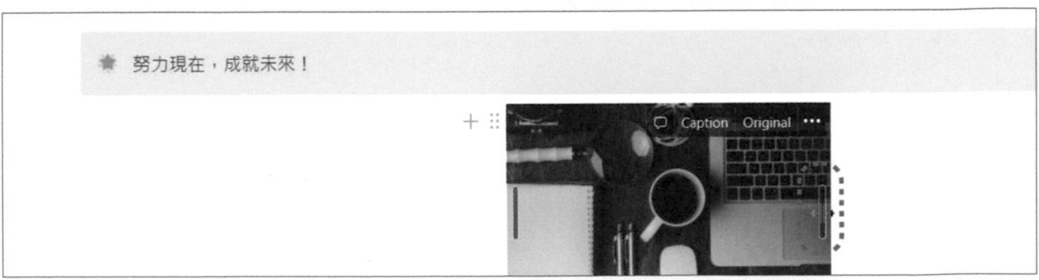

✦ 三欄式排版

step 01 滑鼠指標移至 "今日待辦" 左側，按住 ⠿ 不放拖曳至圖片最右側出現藍色線條，再放開滑鼠左鍵。

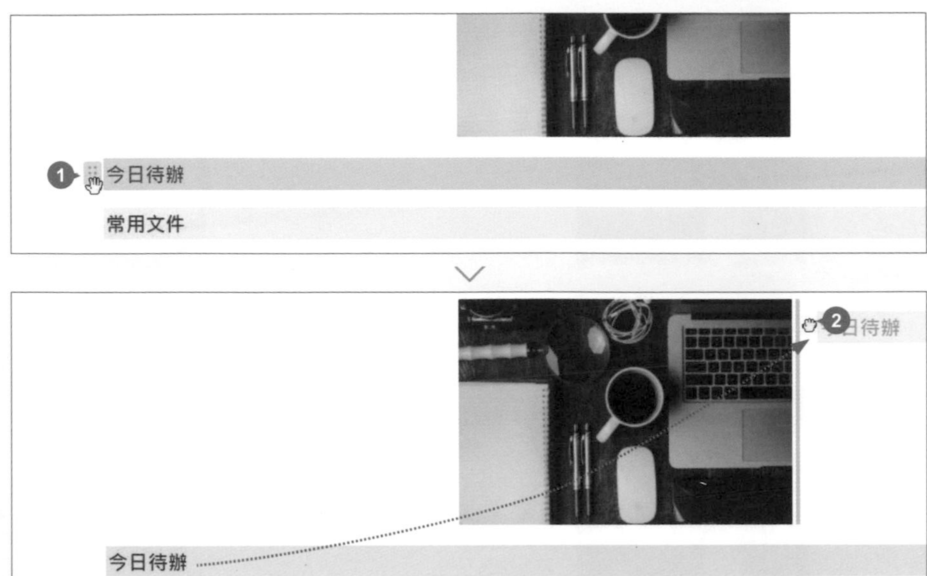

step 02 依相同方法，將 "常用文件" 拖曳至 "今日待辦" 最右側，形成三欄式排版。

✦ 建立待辦清單

step 01 輸入線移至 "今日待辦" 右側，按一下 Enter 鍵，輸入「/to」，選按 **To-do list**，輸入第一筆待辦事項。

step 02 依相同方法，另外新增二筆待辦事項。

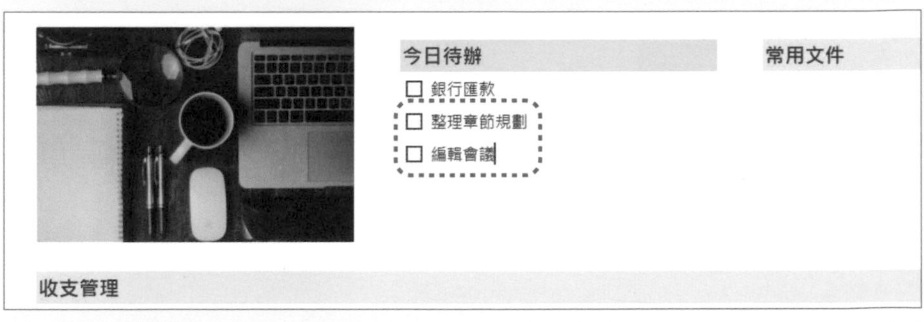

2 加入天氣預報顯示氣象資訊

想要豐富個人主頁卻又不會寫程式？透過 Indify 網站，可以快速加入天氣工具，顯示目前所在地與最多 7 天的天氣預報。

✦ 認識 Indify

Indify 是一個提供動態時鐘、天氣預報、倒數計時...等 Notion 版面工具的免費網站，先註冊帳號，依需求選擇使用 Indify 網站提供的九款工具，調整外觀與內容後，透過複製、貼上即可直接插入 Notion 頁面。

Level up your Notion docs with widgets

Fully customizable, and seamless to set up.

Email address | Sign up

Or, sign up with: Google

Explore Widgets

Sort by: Volumes | Alphabetical

Volume 1

Quotes — Quotes from top instagram curators

Life Progress Bar — Your life ending by the minute

Weather — Real-time weather reports (Upgrade Available)

Google Calendar — Sync privately with Google Calendar (Upgrade Available)

Volume 2

Counter — Keep tallies for just about anything

Countdown — Anticipate important events

Clock — Visualize and keep track of time

Image Gallery — Interactive carousel for multiple images (Upgrade Available)

✦ 註冊 Indify

只要一組 Email 或 Google 帳號就可以註冊 Indify，十分簡單。

step 01 開啟瀏覽器，於網址列輸入「https://indify.co/」開啟 Indify 官網。畫面中可以輸入一組 Email，或直接透過 Google 帳號註冊登入 (選按 **Google**)。

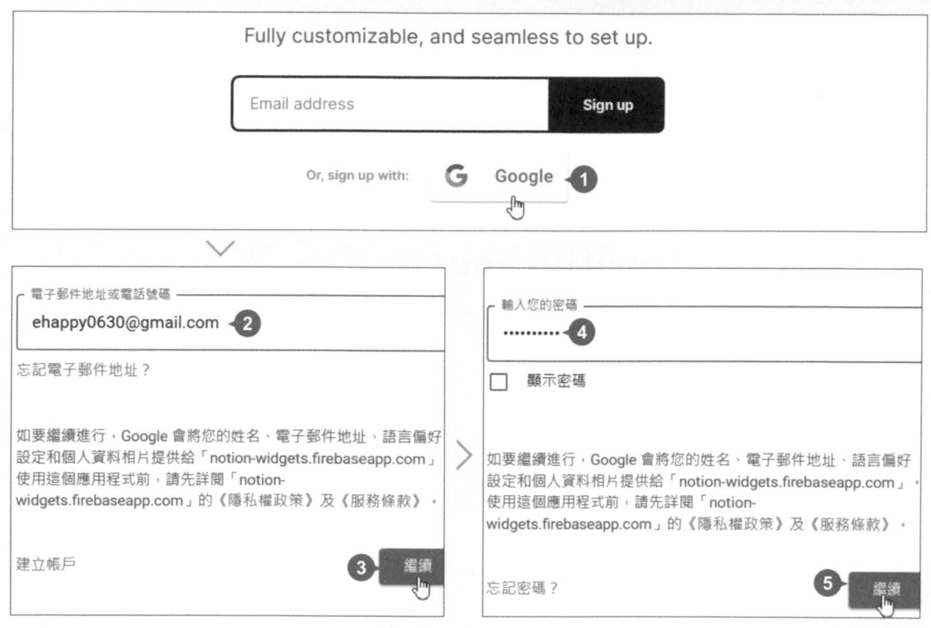

step 02 註冊完成，分別在歡迎畫面與通知提示畫面，選按右上角 × 關閉，進入 Indify 網站首頁。

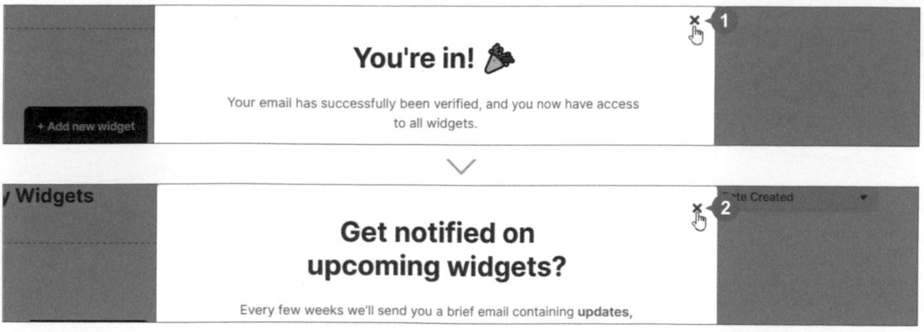

✦ 設定天氣工具

step 01 滑鼠指標移至 **Weather** 縮圖上，選按 **Create widget**，為工具建立標題後 (也可以之後再輸入) 按 **Continue**。

進入設定畫面，左側可以調整工具外觀，右側則提供即時預覽。

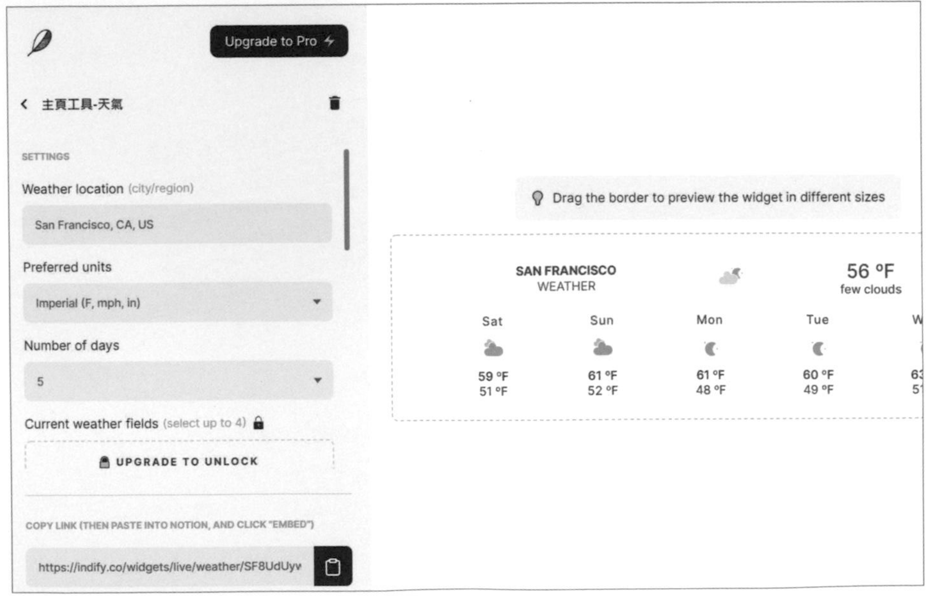

step 02 參考下方功能標示，設定天氣的所在位置、單位、欲顯示天數...等，其中 🔒 鎖匙圖示代表需付費升級才能解鎖的功能。

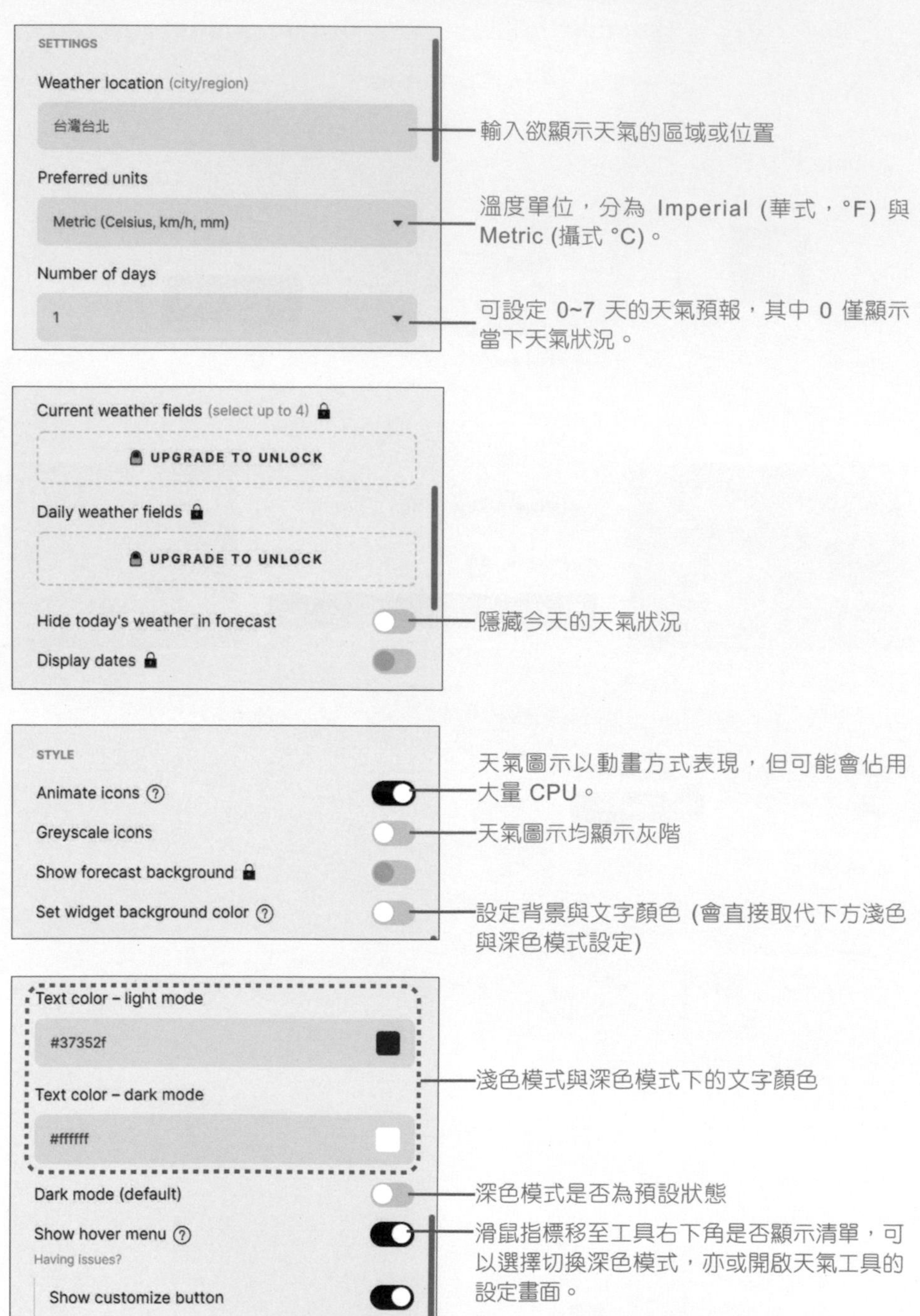

step 03 完成設定後，右側預覽畫面可以拖曳邊框調整物件大小，會以不同的圖、文配置方式呈現，最後選按 複製連結。

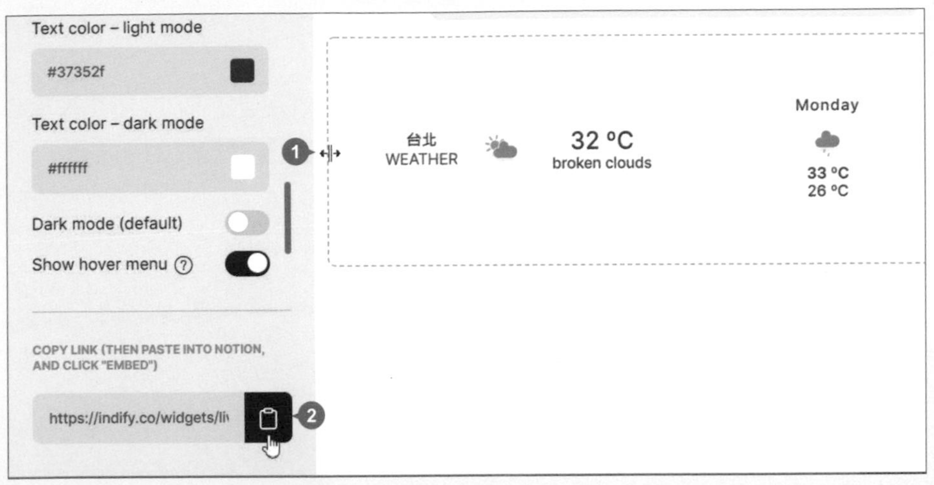

✦ 回到 Notion 貼上

step 01 回到 Notion **個人化主頁**，輸入線移至 "努力現在..." 右側，按 Enter 鍵，輸入線移至空白區塊按 Ctrl + V 鍵貼上，清單選按 **Create embed**。

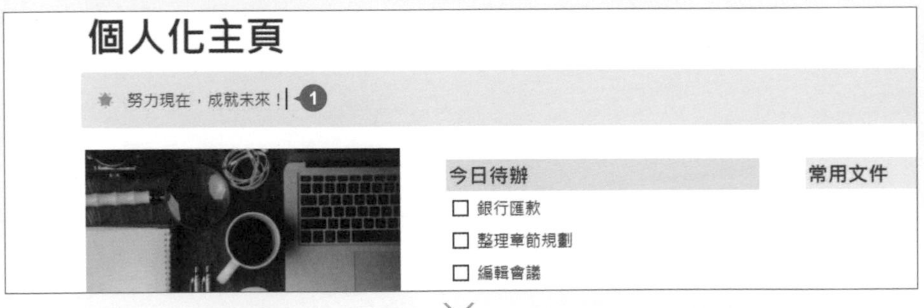

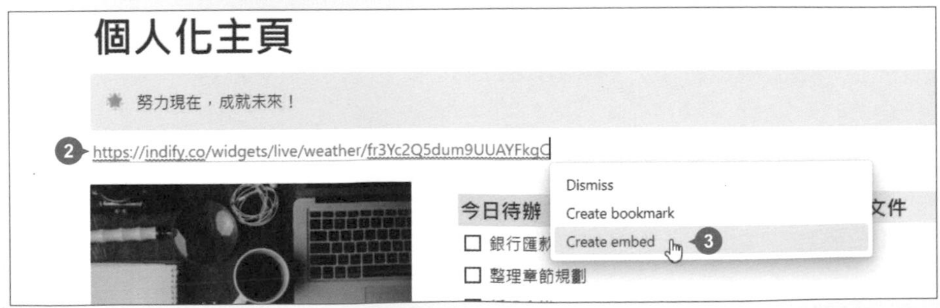

step 02 滑鼠指標移至天氣工具邊框上，可再次利用拖曳調整顯示的範圍與大小。

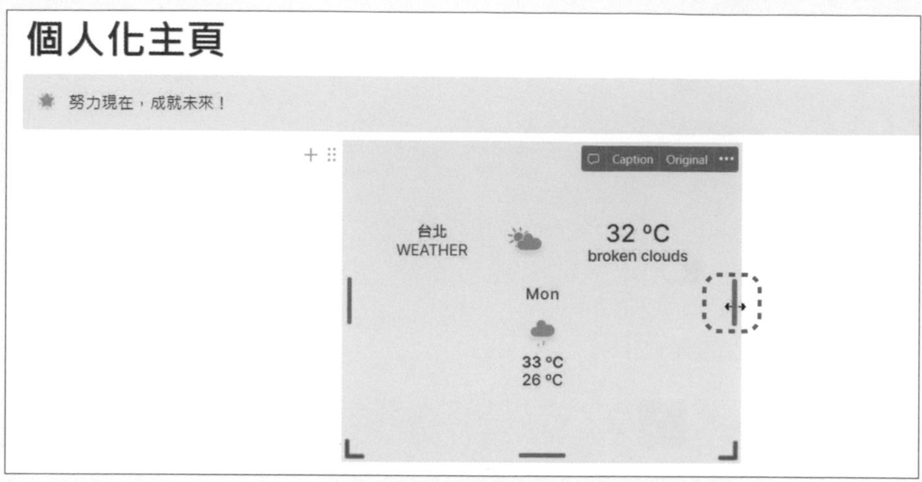

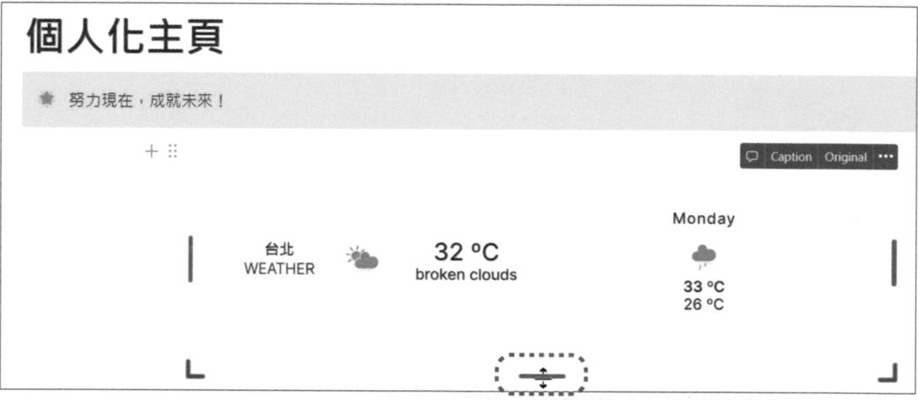

小提示

編修 Indify 工具設定

如果欲回到 Indify 的 **Weather** 工具設定畫面，可以將滑鼠指標移至工具物件右下角，選按 **Customize**。(**Show hover menu** 設定需為開啟狀態)

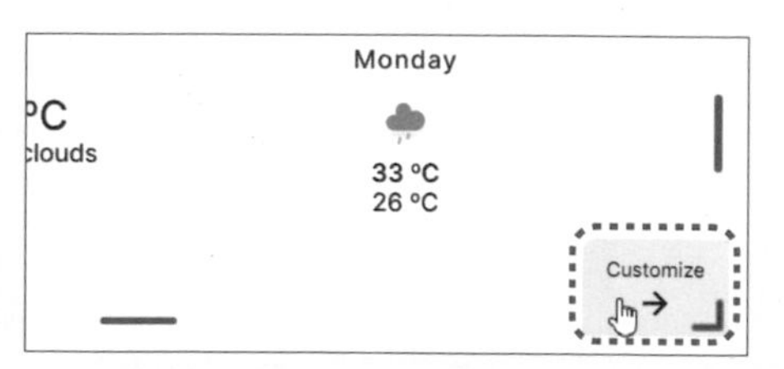

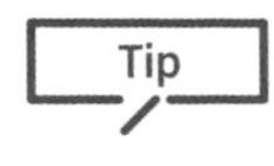

3 加入動態時鐘顯示日期和時間

除了天氣工具，Indify 網站還提供簡約造型的時鐘工具，讓你能隨時掌握所在地目前的時間和日期。

(若為首次使用請先進行註冊、登入；可參考 P7-10 說明)

✦ 設定時鐘工具

step 01 於 Indify 網站首頁，滑鼠指標移至 **Clock** 縮圖上，選按 **Create widget**，為工具建立標題後 (也可以之後再輸入) 按 **Continue**。

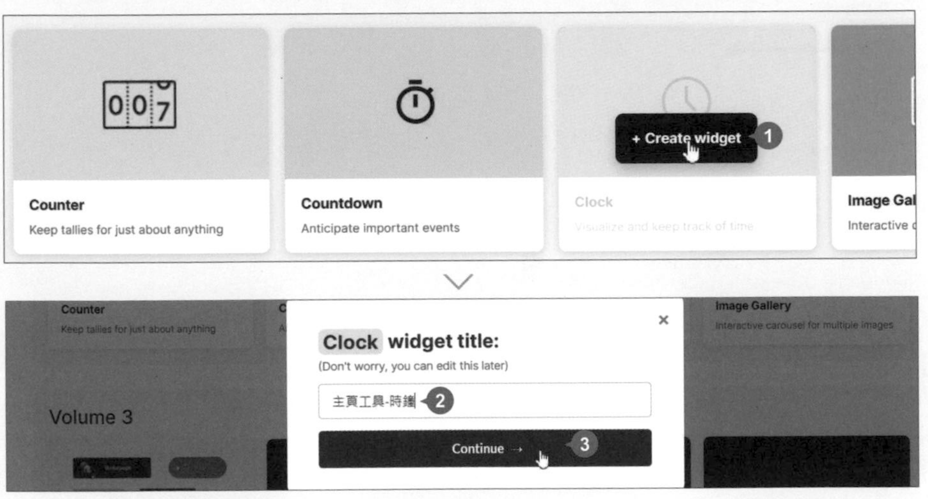

進入設定畫面，左側可以調整工具外觀，右側則提供即時預覽。

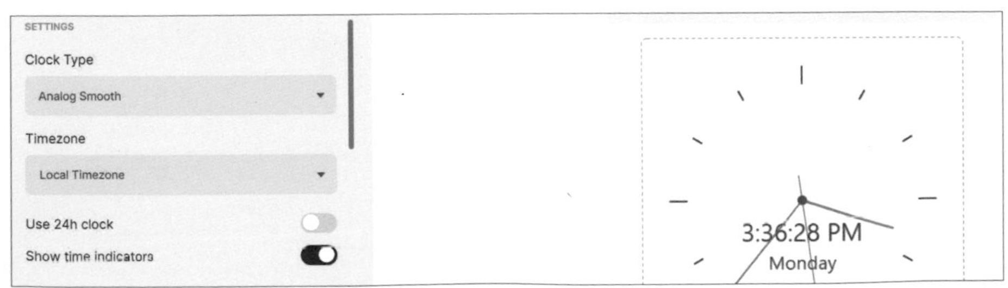

step 02 參考下方功能標示，設定時鐘的類型、時區、時間刻度、秒數...等。

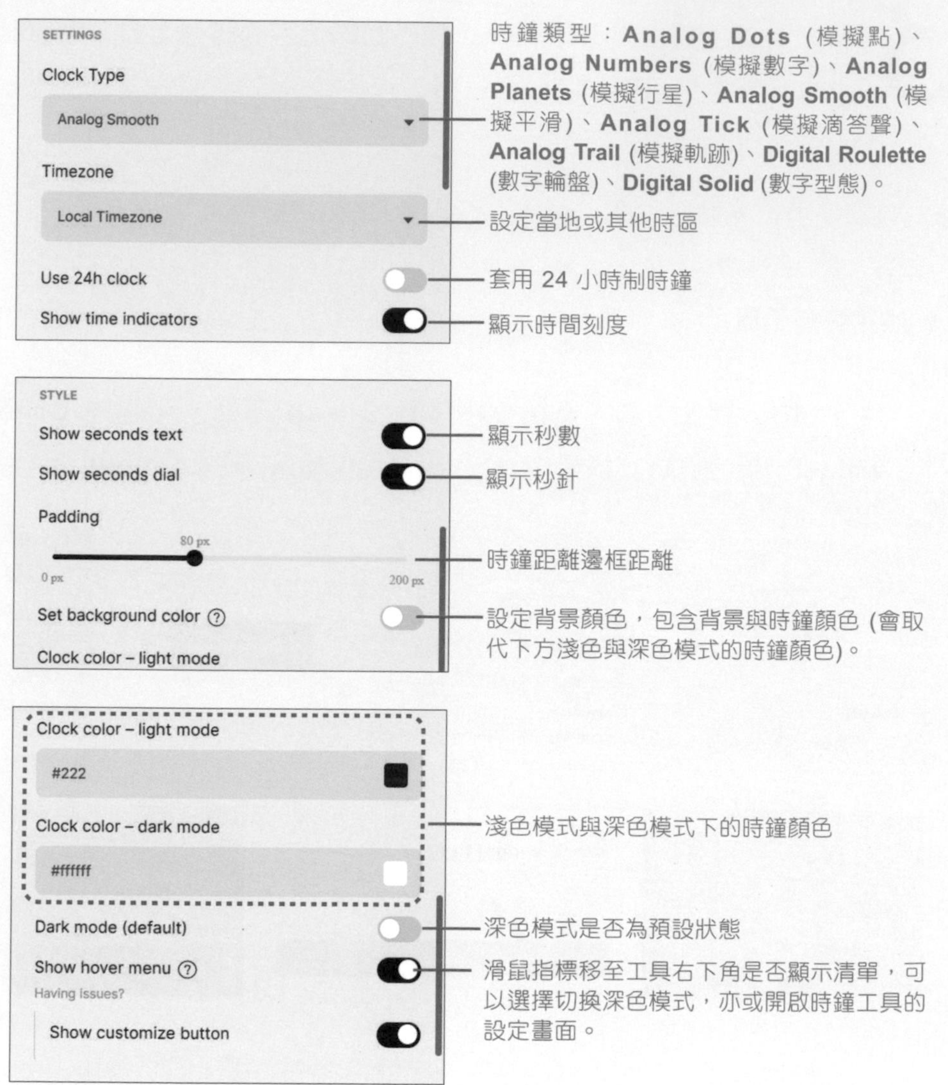

step 03 完成設定後，右側預覽畫面可以拖曳邊框調整時鐘、文字大小，最後選按 ▣ 複製連結。

COPY LINK (THEN PASTE INTO NOTION, AND CLICK "EMBED")

https://indify.co/widgets/live/clock/a1p02PLTU8r

✦ 回到 Notion 貼上

step 01 回到 Notion **個人化主頁**，滑鼠指標移至天氣工具左側選按 [+]，輸入線移至空白區塊按 [Ctrl] + [V] 鍵貼上，清單選按 **Create embed**。

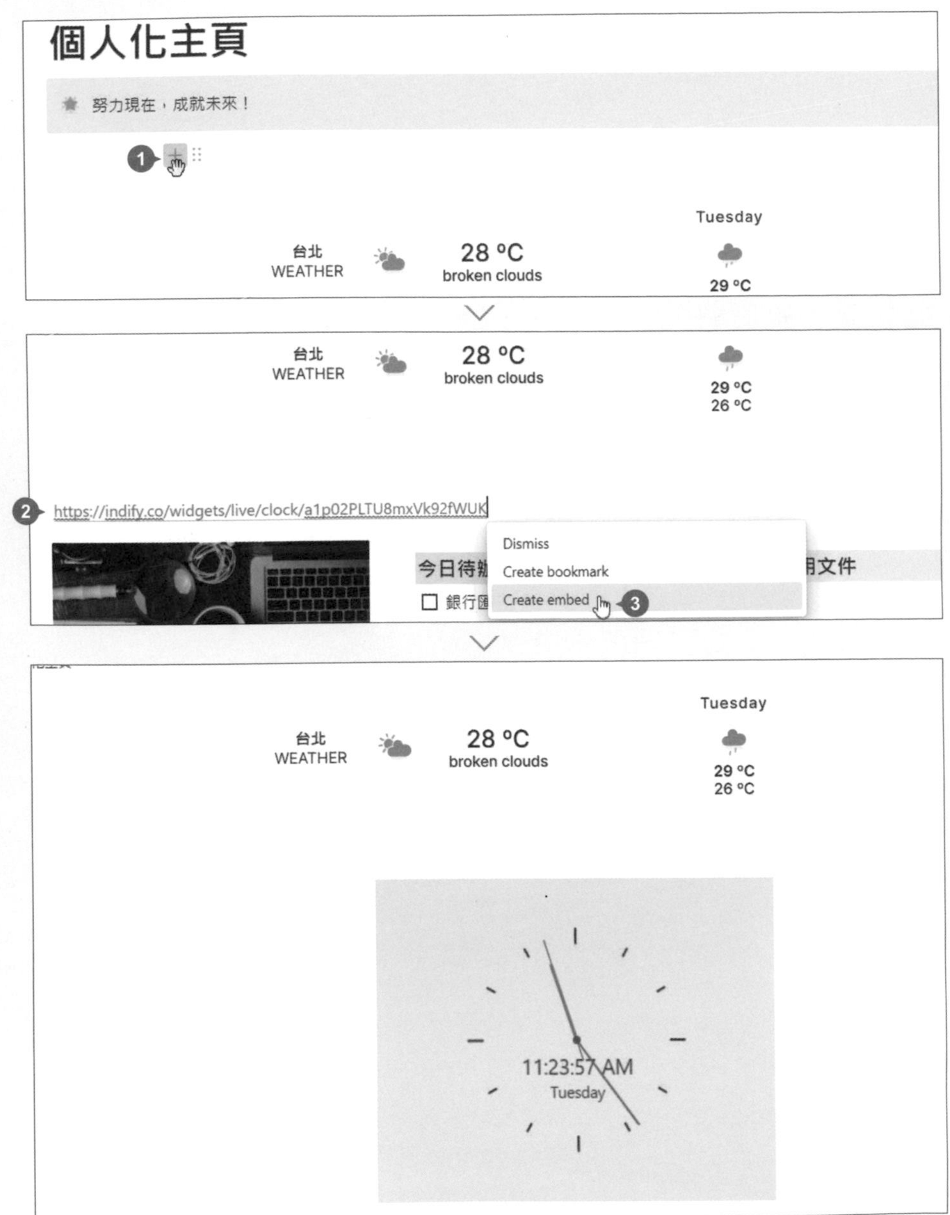

step 02 滑鼠指標移至時鐘工具左側，按住 ⠿ 不放拖曳至 "努力現在，..." 最右側出現藍色線條，再放開滑鼠左鍵，形成二欄排列。

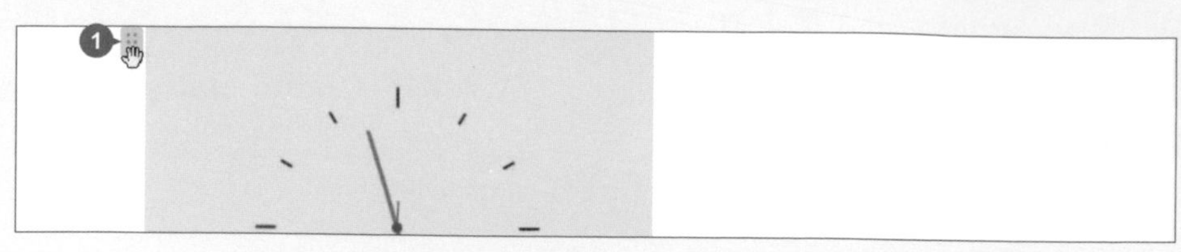

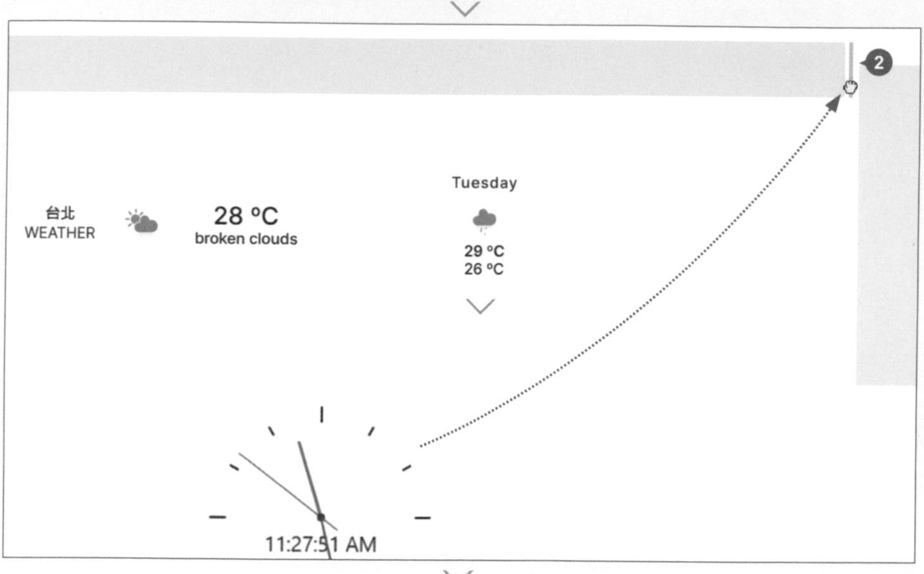

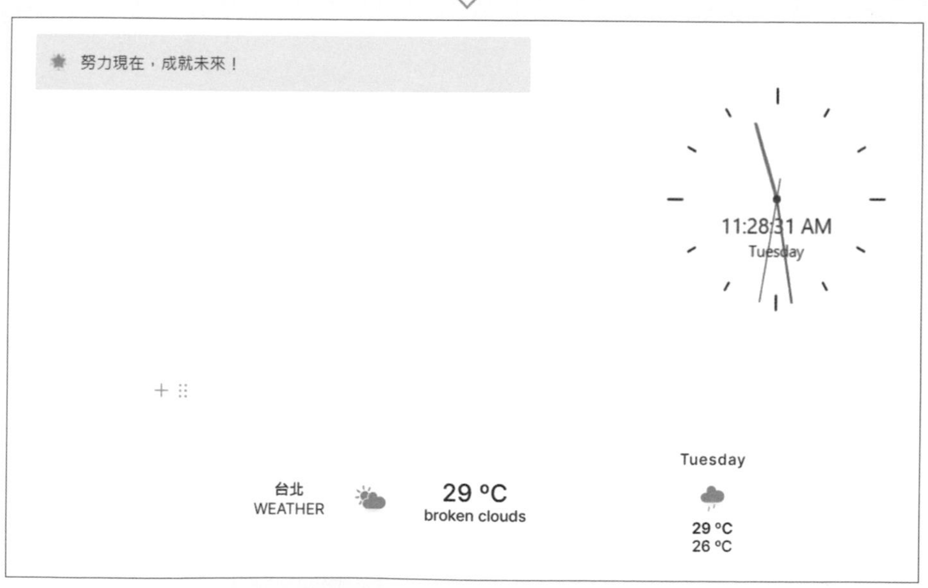

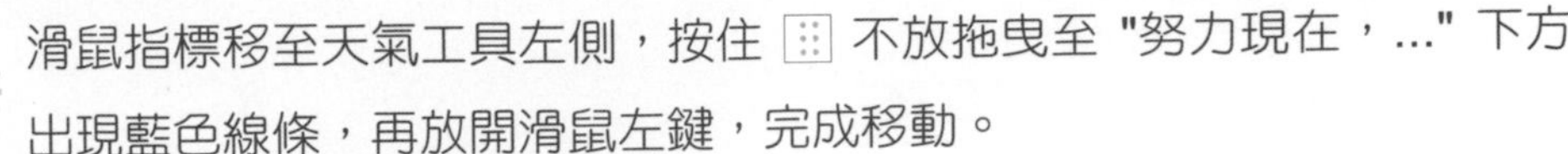

step 03 滑鼠指標移至天氣工具左側，按住 ⠿ 不放拖曳至 "努力現在，..." 下方出現藍色線條，再放開滑鼠左鍵，完成移動。

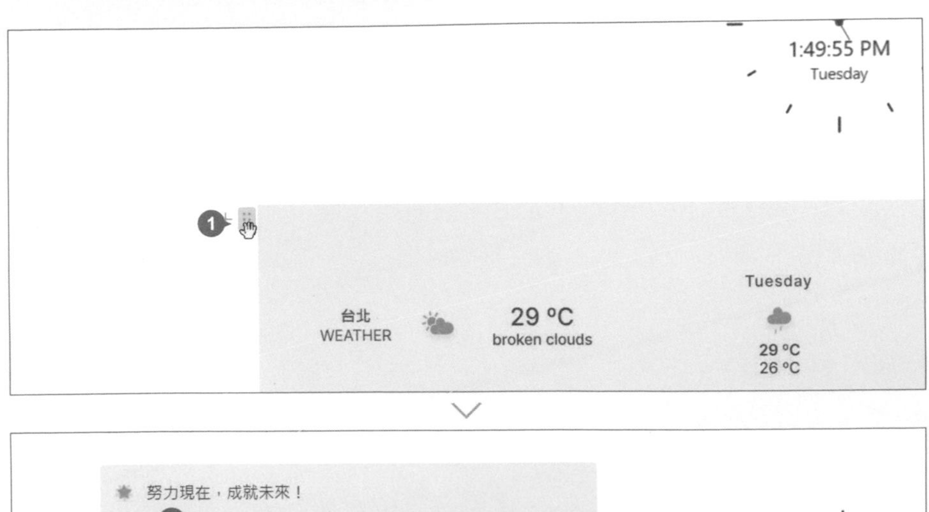

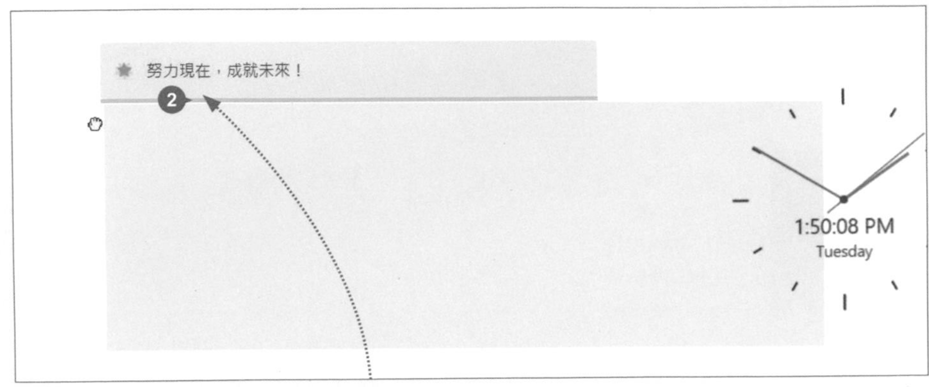

滑鼠指標最後移至天氣與時鐘工具中間會出現灰色線條，按住並往右拖曳，可拉寬左側欄位寬度。

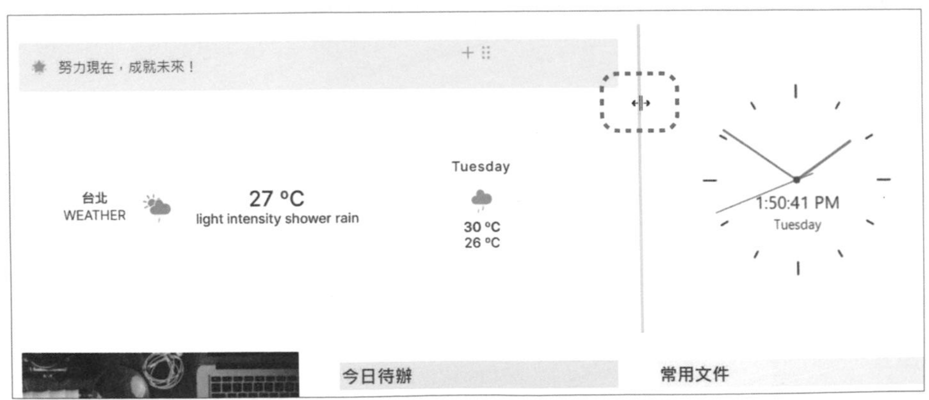

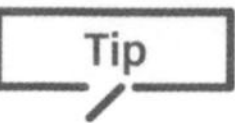

4

建立連結頁面

Do it !

透過連結，可以將側邊欄原本分散的個別頁面整合在主頁，不僅符合快速使用的需求，操作流程也變得方便且統一。

常用的連結頁面方式有二種，除了藉由輸入指令建立，也可直接於側邊欄頁面複製連結並貼上。

✦ 輸入 @ 指令

輸入線移至 "常用文件" 右側，按一下 Enter 鍵，輸入「@」，再輸入要連結的頁面名稱 (如 「@旅行筆記」)，清單中選按要連結的頁面即完成。

今日待辦
銀行匯款
整理章節規劃
編輯會議
常用文件 1

LINK TO PAGE
個人化主頁
Lesson Plans
旅行筆記
2 Mention a person, page, or date...

LINK TO PAGE
旅行筆記 4
NEW PAGE
New "旅行筆記" sub-page
New "旅行筆記" page in...
旅行筆記 3

今日待辦
銀行匯款
整理章節規劃
編輯會議
常用文件
旅行筆記

小提示

輸入其他指令

除了「@」，另外還可以輸入「[[」或「+」，再輸入要連結的頁面名稱 (如「[[旅行筆記」或 「+旅行筆記」)，都可以完成建立頁面連結的目的。

參考下圖，左側為輸入「[[」，右側為輸入「+」，二者差異僅在於 **LINK TO PAGE** 相關頁面出現在清單上方或下方。

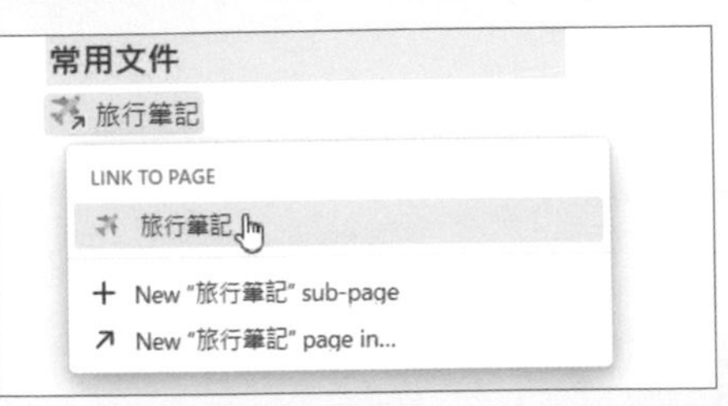

✦ 複製連結並貼上

step 01 滑鼠指標移至側邊欄欲複製連結的頁面名稱右側 (如：閱讀書單)，選按 ··· > **Copy link**。

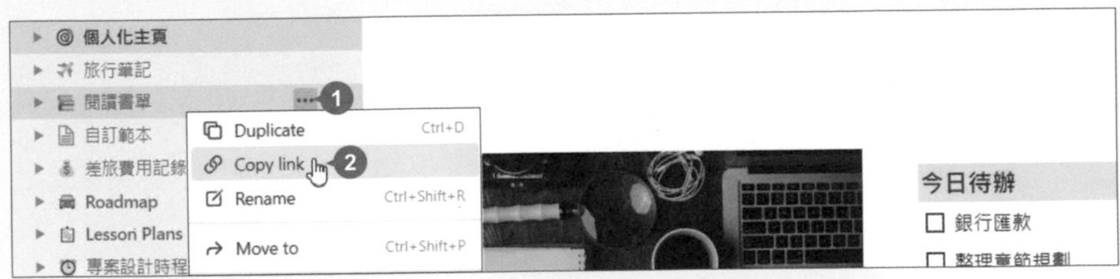

step 02 輸入線移至 "旅行筆記" 連結右側，按 Ctrl + V 鍵貼上，清單中選按 **Link to page** 即完成。

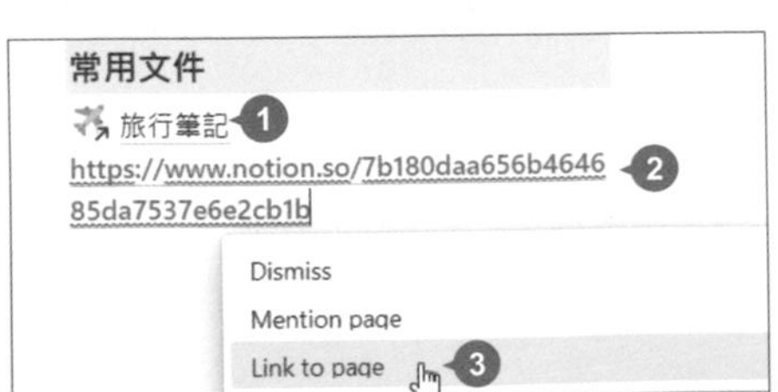

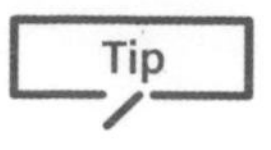

5 反向連結，自動跳回來源主頁

Do it !

主頁中建立的連結頁面，Notion 會自動建立 **backlink** (反向連結)，不僅可以檢視頁面間的關聯性，還可以快速回到主頁。

step 01 選按已建立連結的頁面名稱 (操作可參考本章 Tip 4) 會開啟該頁面內容，上方即自動建立了 **backlink** 功能。

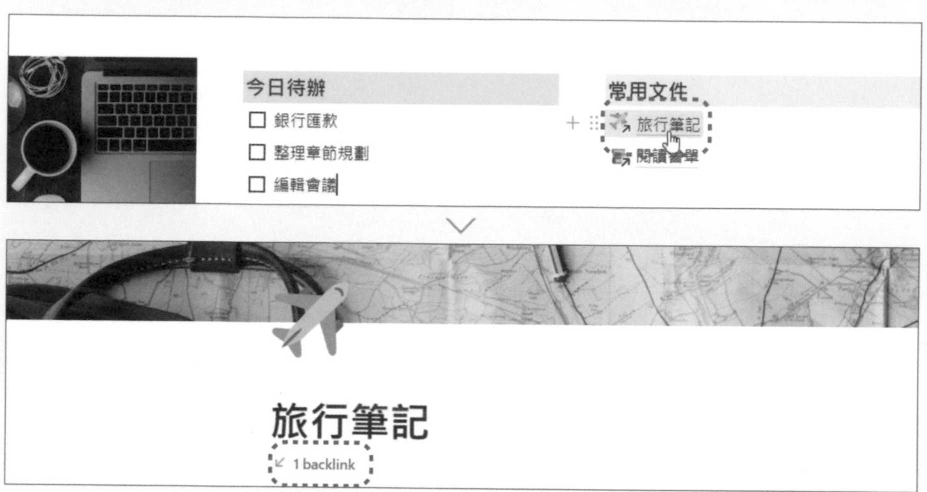

step 02 選按 **backlink**，會看到 **Linked to this page** 列出所有連結到此頁面的清單，選按反向連結 (此範例選按 **個人化主頁**)，則會自動返回該頁面放置此連結的位置。

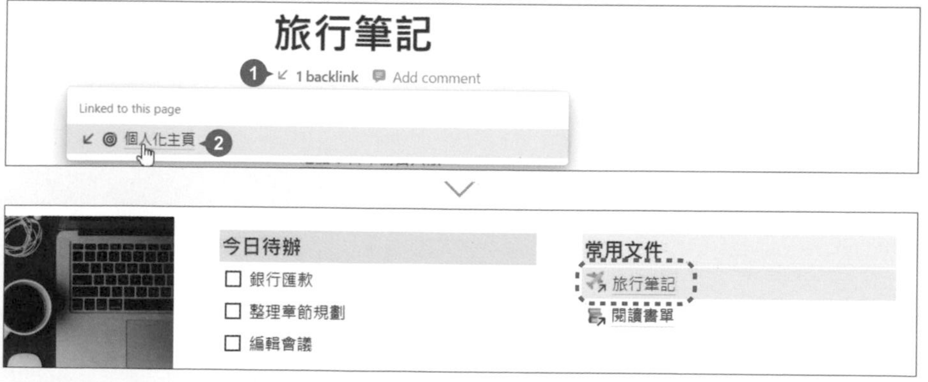

小提示

自訂反向連結的顯示狀態

自動產生的反向連結，可以設定隱藏或其他顯示狀態。

於產生反向連結頁面右上角選按 ⋯ > **Customize page** > **Backlinks** 右側清單鈕，會看到提供 **Expanded** (展開)、**Off** (隱藏)、**Show in popover** (彈出視窗) 三種顯示狀態。

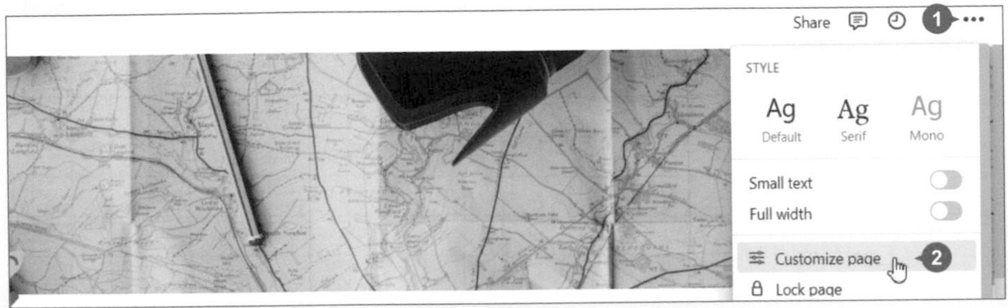

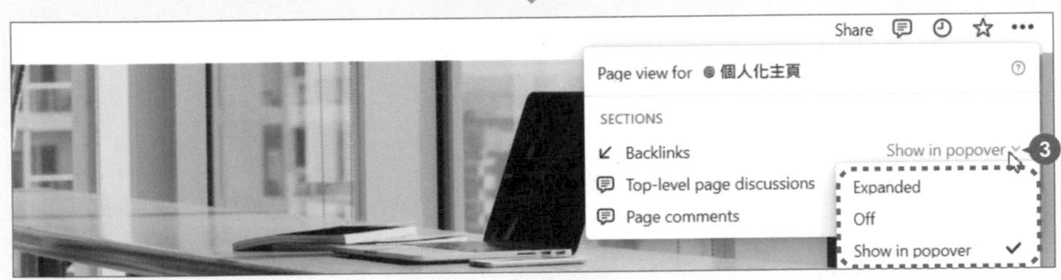

三種顯示狀態表現如下，可以依需求自行設定。

■ **Expanded** (展開)

■ **Off** (隱藏)

旅行筆記

旅行資料

1. 地點：日本關西大阪

■ **Show in popover** (彈出視窗)

旅行筆記

1 backlink

旅行資料

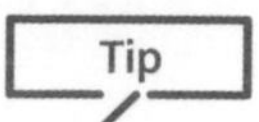

Tip

6 建立連結資料庫

Do it !

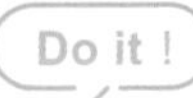

主頁可以利用 **Create Linked database** 功能連結資料庫，有效整合多個資料庫集中管理。

✦ 連結資料庫

step 01 輸入線移至 "收支管理" 右側，按一下 Enter 鍵，輸入「/linked」，選按 **Linked view of database**，右側窗格選擇欲連結的資料庫與合適的 view (檢視模式) (此範例選擇 **明細記錄**)。

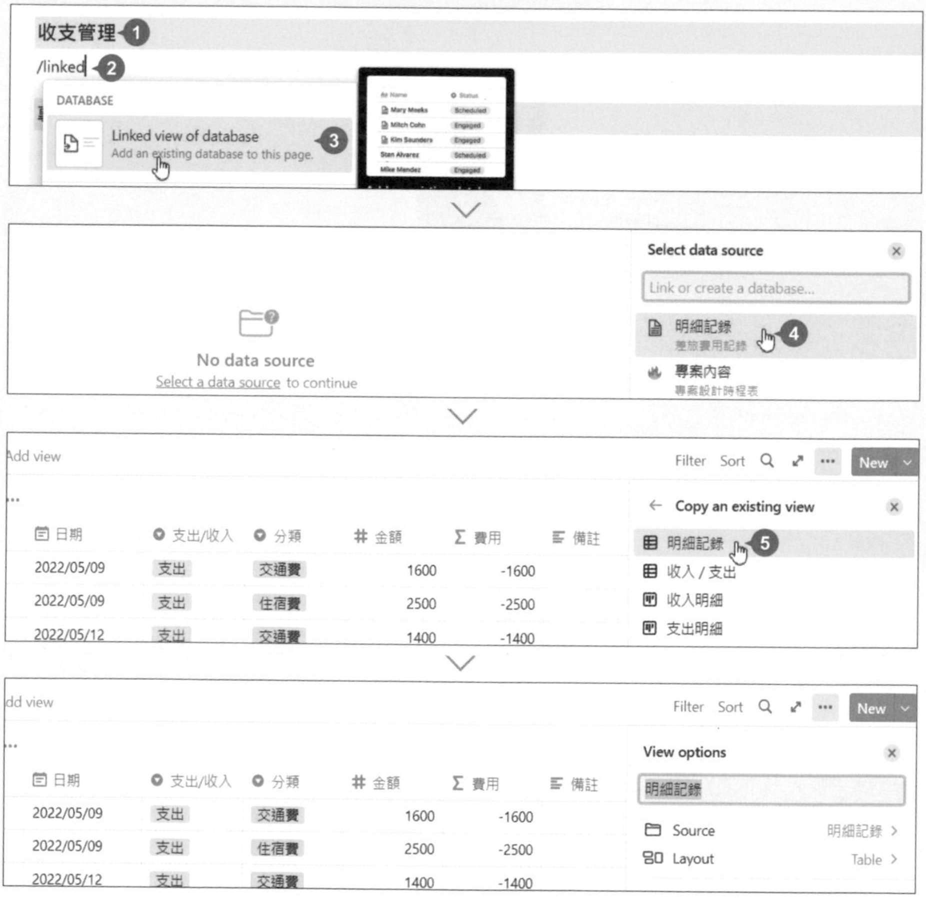

step 02 依相同方法，於 "專案管理" 下方建立連結資料庫：**專案內容** 資料庫 (**製作中** 檢視模式)。

✦ 篩選有效資訊

連結資料庫為原始資料庫的副本，當主頁資料庫顯示的內容過於複雜，可以依需求篩選，僅顯示重點資訊。(資料庫篩選詳細說明可參考 P4-30)

step 01 以此範例 "明細記錄" 資料庫示範，先篩選出 "支出" 明細。於資料庫右上角選按 **Filter > 支出/收入** (選按 ** **more** 可展開其他項目)。

step 02 區塊上方會出現篩選項目，篩選條件："支出/收入" 中有二個標籤，選按 **支出** 即完成。

接著再篩選出 "2022/5/31" 前的支出記錄。於 "支出/收入: 支出" 篩選項目右側，選按 **+ Add filter > 日期**。

step 04

日曆中選按 **日期 is > is on or before**，再選按日期即完成。

明細記錄

↗ 明細記錄

支出/收入: 支出　日期: On or before 2022/05/31

項目	日期	支出/收入	分類	金額	費用	備註	收據/領據
產品採購	2022/05/09	支出	交通費	1600	-1600		
產品採購	2022/05/09	支出	住宿費	2500	-2500		
中部客戶開會	2022/05/12	支出	交通費	1400	-1400		

+ New

COUNT 3　SUM -5500

✦ 排版與美化

最後安排主頁中資料庫的版面配置，搭配圖片並調整欄位。此範例 "收支管理" 欲以二欄呈現，左側放置連結資料庫，右側則插入圖片美化。

step 01 滑鼠指標移至 "收支管理" 左側選按 ＋，清單中選按 **Heading 3**。

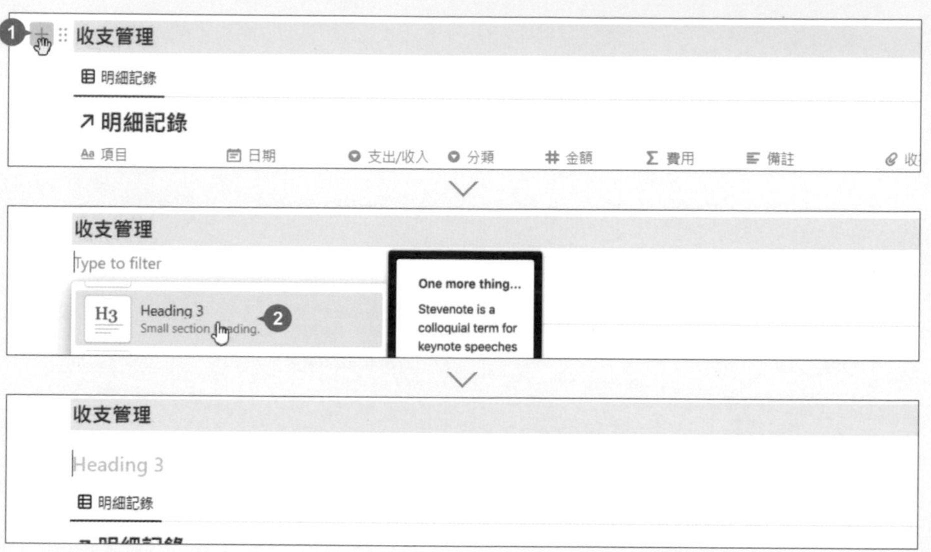

step 02 滑鼠指標移至 **Heading 3** 區塊左側，按住 ⠿ 不放拖曳至 "收支管理" 最右側出現藍色線條，再放開滑鼠左鍵，形成二欄排列。

收支管理

Heading 3

收支管理　　Heading 3

明細記錄

↗ 明細記錄

step 03 滑鼠指標移至 "明細記錄" 左側，按住 ⠿ 不放拖曳至 "收支管理" 下方出現藍色線條，再放開滑鼠左鍵。

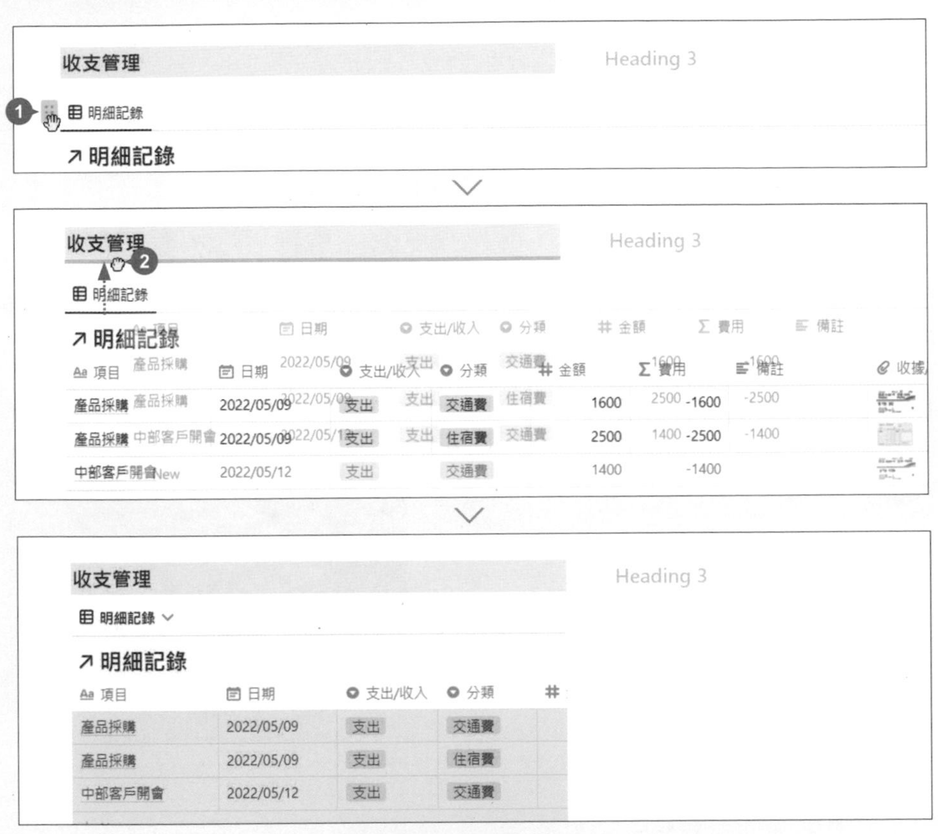

step 04 滑鼠指標移至 **Heading 3** 區塊左側選按 ＋ > **Image**。

收支管理

Heading 3

明細記錄

↗ 明細記錄

項目 日期 支出/收入 分類

收支管理

Heading 3

Type to filter

MEDIA

Image

Upload or embed with a link.

實用篇

07 工具與資料連結

step 05 於 **Unsplash** 搜尋欄位輸入「accounting」關鍵字，選按合適圖片並插入，滑鼠指標移至圖片右側邊框呈 ⫩，拖曳即可等比例調整圖片大小。

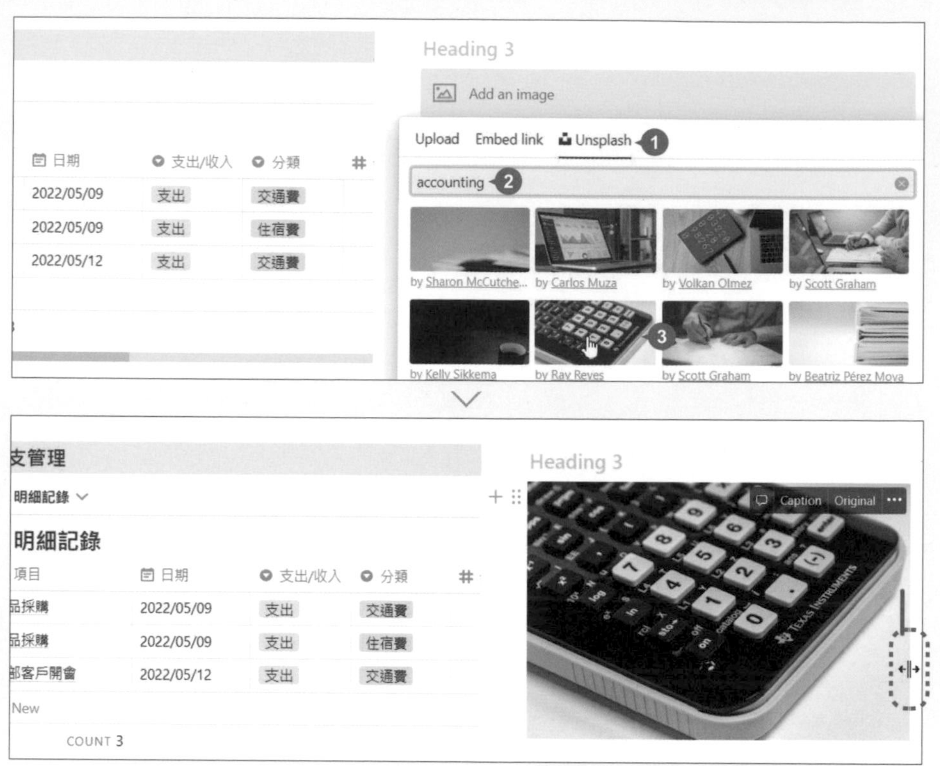

step 06 最後將滑鼠指標移至資料庫與圖片中間會出現灰色線條，按住往右拖曳可拉寬左側欄位寬度。

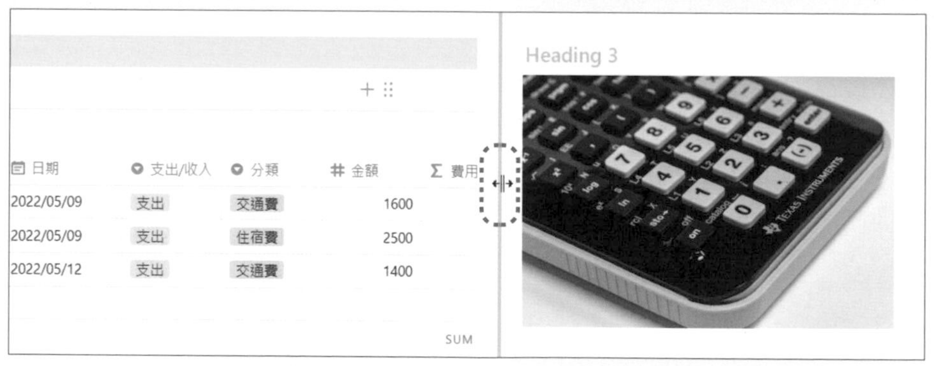

PART

08

專案設計時程表

團隊協作

單元重點

Notion 提升了團隊協作效率，讓跨時區、跨平台的共同編輯作業能完美地無縫接軌，團隊成員可取得最精準的同步資料與即時討論。

- ☑ 團隊共用頁面區與私人頁面區
- ☑ 變更團隊工作區圖示與名稱
- ☑ 邀請並管理團隊成員身分
- ☑ 允許同網域的成員加入團隊
- ☑ 變更團隊成員檢視或編輯權限
- ☑ 將訪客變更為成員
- ☑ 移除成員或訪客
- ☑ 團隊協作討論、註解
- ☑ 查看工作區的更新與到訪記錄
- ☑ 鎖定頁面或資料庫
- ☑ 成員只能看到自己的專案事項

Notion 學習地圖 \ 各章學習資源

作品：Part 08 專案設計時程表 - 團隊協作 \ 單元學習檔案

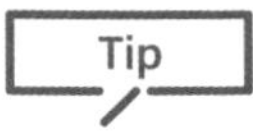

1 建立與認識團隊工作區

Do it !

進行團隊協作前必須建立一個團隊工作區，相關的建立方式可參考 P1-18 說明步驟。

當建立或加入團隊工作區協作時，與個人工作區不同的是側邊欄頁面區會分成 **WORKSPACE** 與 **PRIVATE** 二區。

- **WORKSPACE** (共用頁面區)，此頁面區內容工作區的所有成員都能看見，可以依權限檢視、註解或編輯。
- **PRIVATE** (私人頁面區)，用來存放屬於個人的頁面，此頁面區內容不會被其他工作區成員看見。

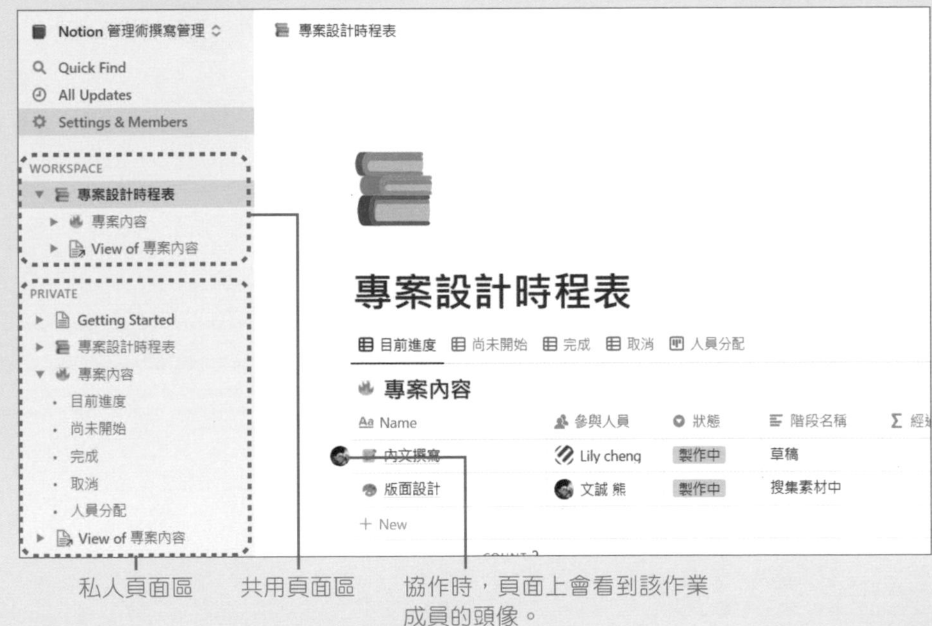

團隊協作時，若你所負責的內容尚未完成，可以先存放在 **PRIVATE** 頁面區，避免其他成員不小心更動內容，待完稿後再複製或移動至 **WORKSPACE** 頁面區，這樣可提高協作效率。(免費版團隊工作區有 1,000 個 Block (區塊) 限制，包含了 **WORKSPACE** 與 **PRIVATE** 內所有區塊。)

2 變更團隊工作區圖示與名稱

Do it !

團隊工作區的圖示與名稱可以隨著協作項目不同變化來調整，讓成員切換工作區時更容易找到正確的團隊工作區。

step 01 進入團隊工作區，側邊欄選按 **Settings & Members** 開啟視窗，再選按 **Settings**，於 **Name** 欄位變更團隊工作區新名稱。

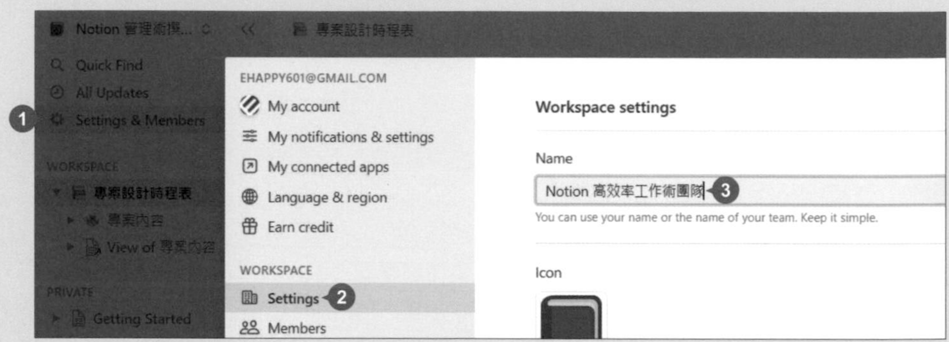

step 02 選按 Icon 圖示，**Emoji** 標籤下方欄位輸入關鍵字搜尋，選按合適圖示即可變更 (或於 **Custom** 選按 **Upload file** 上傳圖片)，最後下方選按 **Update**。

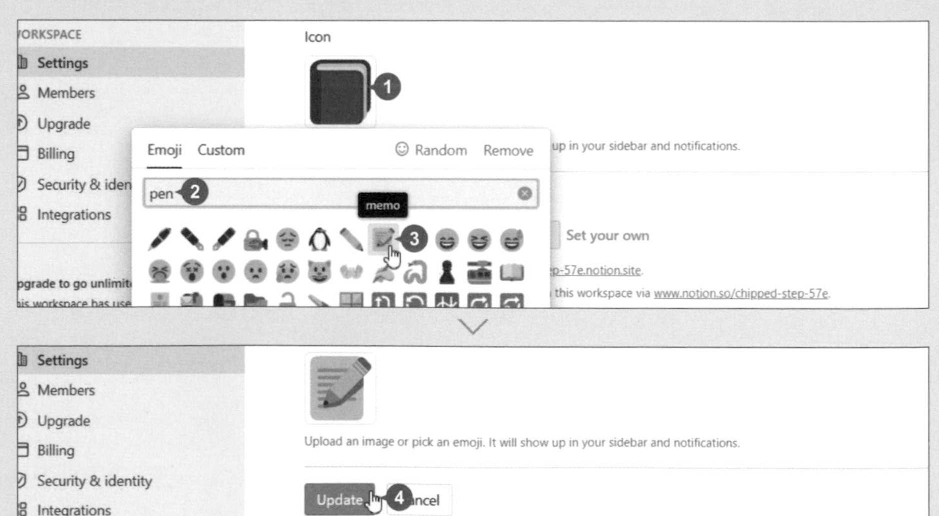

3 邀請並管理團隊成員身分

邀請成員加入團隊後，可依每一位成員的工作性質調整編輯或檢視權限，以提高工作效率。

✦ 邀請成員加入團隊

step 01 側邊欄選按 **Settings & Members** 開啟視窗，再選按 **Members > Members**。

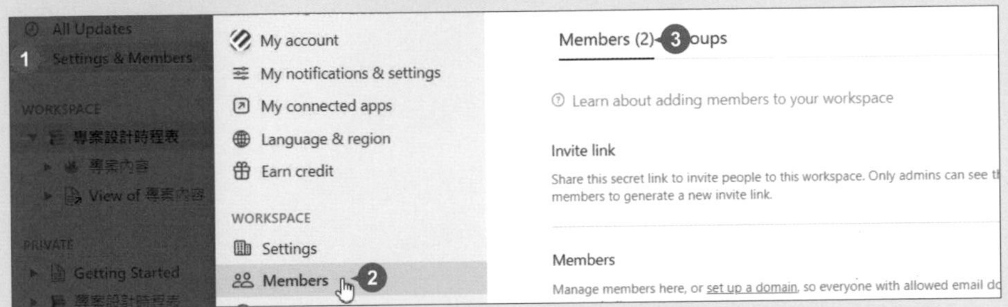

step 02 於 **Invite link** 項目選按 **Copy link** 複製超連結。(此連結預設為開啟，如果沒有，可選按 **Invite link** 右側 ◯ 呈 ◯。)

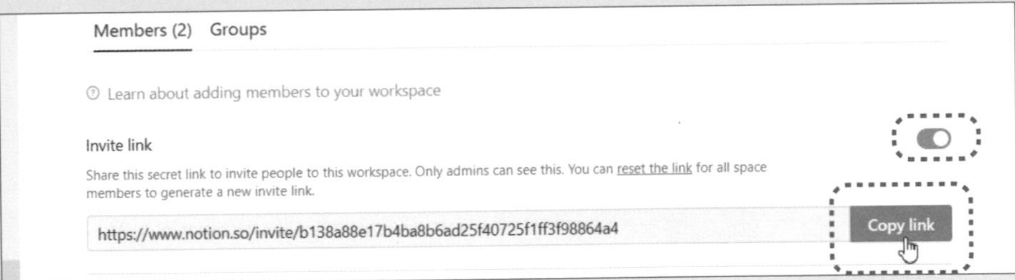

小提示

使用 Email 加入成員

於上方提到的 **Members** 標籤選按 **Add members**，輸入成員的 Email 後，於下方清單選擇正確名稱，再選按 **Invite**。

step 03 藉由平常連繫的平台或以 Email 將超連結傳送給成員，請他們選按並登入 Notion 帳號加入團隊，之後在 **User** 名單中即會顯示已加入的成員，且身分為 **Member**。

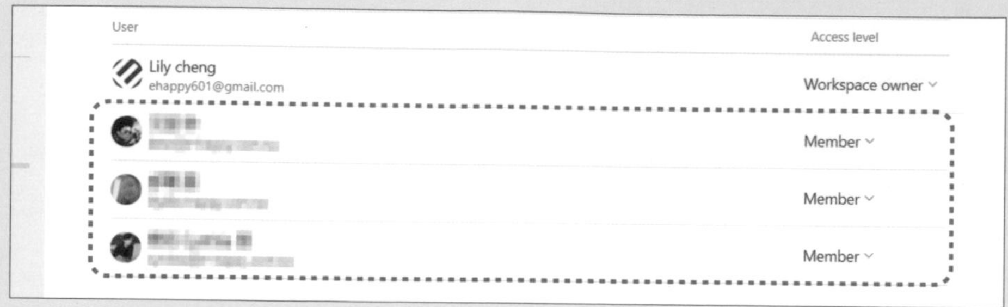

✦ 變更成員身分

成員加入後，如果要變更身分，可於 **User** 清單中，成員名稱右側選按 **Member** 或 **Workspace owner**，即可變更，但如果要將成員身分由 **Workspace owner** 變更為 **Member**，則需要付費訂閱 TEAM 團隊方案才可以使用該功能。

小提示

團隊成員身分的差異

Notion 團隊中，主要有 **Workspace owner** 以及 **Member** 二種身分，前者為主要管理員，後者雖然可以建立、編輯所有頁面，但無法執行部分進階設定或邀請成員加入；如果透過 **Share > Invite** 取得特定頁面檢視或編輯權限，其身分則是 **Guest**，因為不屬於團隊成員，所以只能對該頁面 (包含子頁面) 執行檢視或編輯。

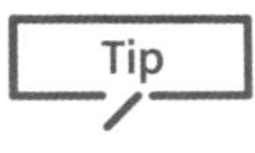

4

允許同網域的成員加入團隊

如果使用企業 Email 註冊並登入 Notion，只要將 Email 網域加入設定，即可讓同一個網域的同事也輕鬆加入團隊。

step 01 側邊欄選按 **Settings & Members** 開啟視窗，再選按 **Settings**，**Allowed email domains** 欄位輸入網域名稱，再按 Enter 鍵 (或清單中選按該網域)，於下方選按 **Update**。

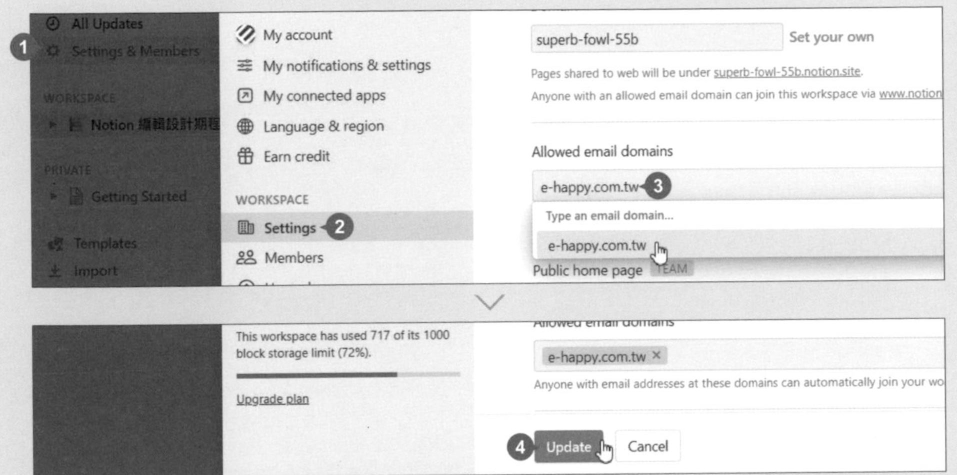

step 02 日後當同網域的同事建立新工作區時，就會看到已建立好的團隊工作區名稱，選按 **Join** 即可加入。

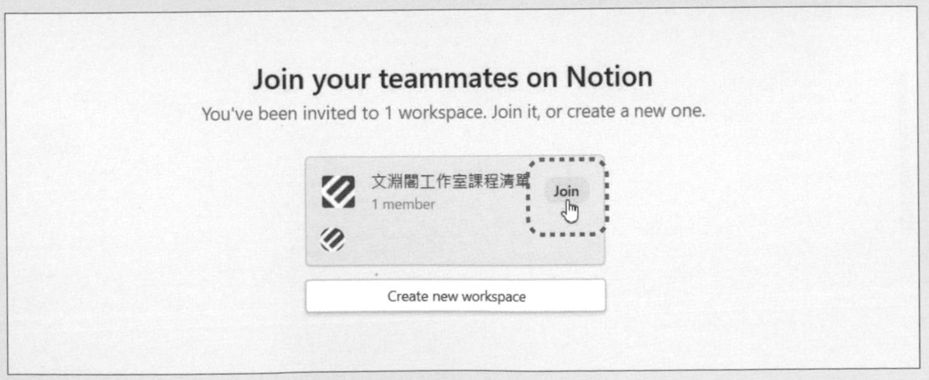

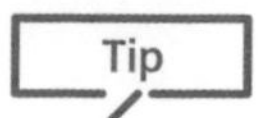

5 變更團隊成員檢視或編輯權限

團隊成員可以為頁面設定檢視或編輯權限，讓團隊協作得到最佳的管理效果。

✦ 設定頁面檢視或編輯權限

頁面右上角選按 **Share**，選按團隊工作區名稱右側 **Full access**。

step 02 清單中可依協作需求設定該頁面權限，例如目前只需要成員檢視頁面內容，就選按 **Can view**，如此一來僅設定的人員擁有完整權限，其他成員只能檢視。各權限差異可參考以下詳細說明：

- **Full access**：完整權限，能編輯、分享頁面或註解。
- **Can edit**：能編輯，但不能分享頁面 (此為付費項目)。
- **Can comment**：只能檢視及註解，無法編輯或分享。
- **Can view**：只能檢視，無法編輯、分享或註解。
- **No access**：不開放權限，頁面會移至 **PRIVATE** 頁面區。

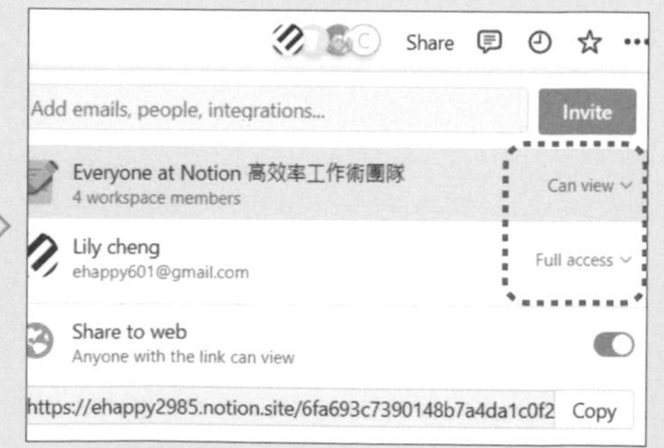

✦ 調整特定成員檢視或編輯權限

如果要調整特定成員於此頁面檢視與編輯權限，例如只能檢視與註解，可依以下方式操作。

step 01 頁面右上角選按 **Share**，再選按 **Invite** 左側的欄位開啟清單。

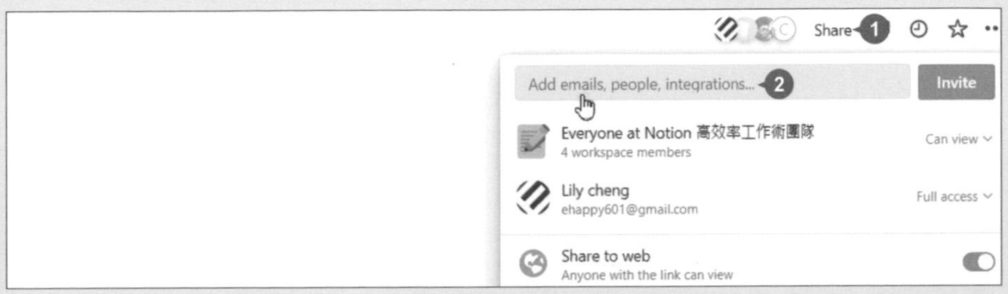

step 02 選按欲變更權限的成員名單，選按 **Full access** > **Can comment**，最後選按 **Invite**。(之後選按 **Share** 即可看到指定權限)

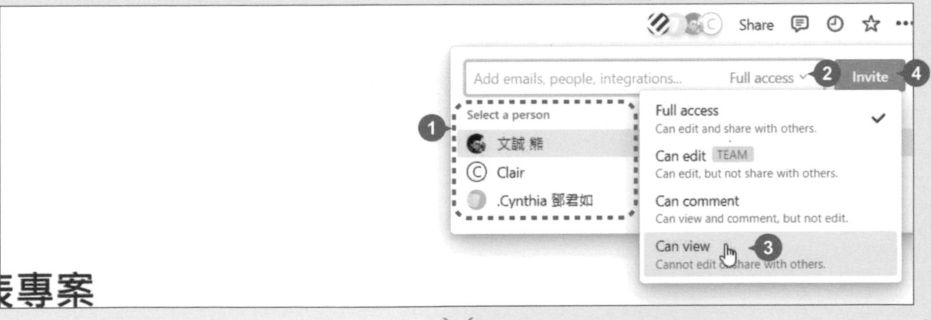

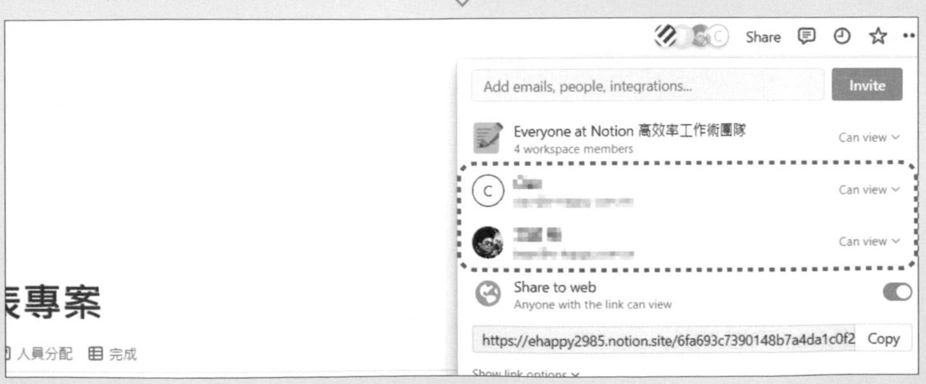

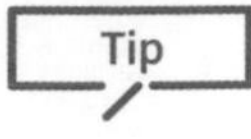

6 將訪客變更為成員

一開始藉由 **Share** 中 **Invite** 方式邀請進入頁面檢視的使用者，尚不屬於團隊成員，可依以下操作方式將該使用者加入團隊。

step 01 側邊欄選按 **Settings & Members** 開啟視窗，再選按 **Members** > **Guests**，即可在標籤中看到訪客名單。(可藉由 **Share** > **Invite** 邀請訪客，可參考 P2-20 操作。)

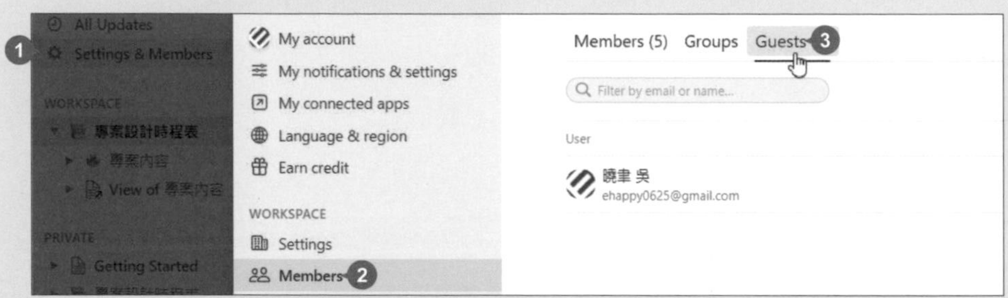

step 02 於 **User** 名單，訪客名稱右側選按 **1 page** > **Convert to admin** 將該訪客加入團隊管理員，再選按 **Members** 標籤，在 **User** 名單中就可以看到身分為 **Workspace owner** 的新成員了。

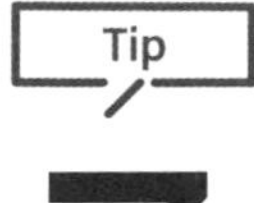

7 移除成員或訪客

Do it !

當成員或訪客要離開團隊協作時，可在 **Members** 的 **User** 名單將成員或訪客移除。

step 01 側邊欄選按 **Settings & Members** 開啟視窗，再選按 **Members** > **Members** 標籤。(訪客則是選按 **Guests** 標籤)

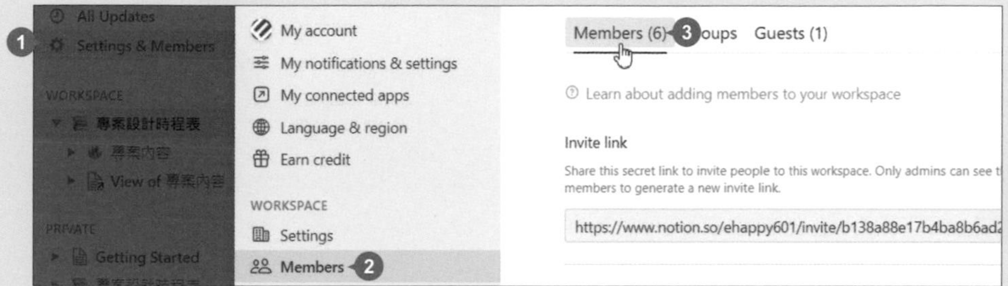

step 02 於 **User** 名單，欲移除的成員名稱右側選按 **Workspace owner** (或 **Member**) > **Remove from workspace**，再選按 **Remove**。(訪客則是選按 **1 page** > **Remove**)

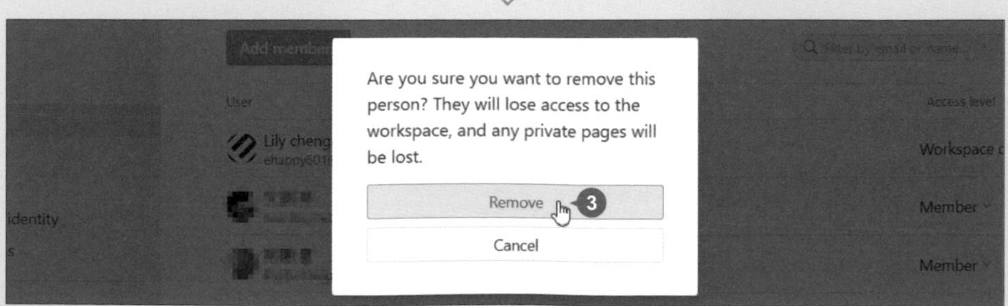

8 團隊協作討論、註解

Do it！

"註解" 方便團隊成員彼此留下訊息、想法，或對討論結果標註說明、回覆。

✦ 新增頁面註解

step 01 開始練習前，先將範例頁面移至團隊工作區 **WORKSPACE** (可參考 P1-17 操作)。頁面上方選按 **Add comment**，在欄位中輸入文字，完成後按 Enter 鍵 (或選按右側 ⬆)。

step 02 團隊成員會在頁面上方看到註解，再依相同方法輸入文字回覆即可。

step 03 如果要在一般文字內容加上註解，滑鼠指標移至文字左側選按 ⠿ > **Comment**，即可在這段文字加入註解。(也可以只選取要加標註的文字，再於上方工具列選按 **Comment**)

✦ 在資料庫新增註解

step 01 滑鼠指標移至資料庫 **Title** 項目右側，選按 **OPEN** 開啟頁面，在下方 **Add a comment** 輸入文字，完成後按 Enter 鍵 (或選按右側 ⬆)。

step 02 完成註解後，團隊成員會在該 **Title** 項目右側看到 💬，選按 **OPEN** 開啟頁面，再依相同方法回覆註解。

✦ 重新編輯、刪除管理註解

已發表的註解如果要重新編輯，只要將滑鼠指標移至該註解右側，選按 ⋯ > **Edit comment**，再重新輸入修訂的文字，完成後按 Enter 鍵即可 (或選按右側 ✓)。(只能編輯個人發表的註解，無法編輯其他成員的註解。)

要刪除已發表的註解，只要將滑鼠指標移至該註解右側，選按 ⋯ > **Delete comment**，再選按 **Delete** 即可。

如果註解的問題解決後，只要將滑鼠指標移至該註解右側，選按 **Resolve**，就會移至已解決項目中，頁面右上角選按 💬 > **Open** > **Resolved comments**，即可檢視所有已解決的註解。

✦ 標註成員及時間

註解加上 **@** 符號再輸入成員名稱，清單選按欲提及的成員，這樣對方就會收到通知。如果要在註解加入日期提示，可先輸入「@」，清單中先選按欲使用的日期格式 (在此選按有時間提示)，再選按一次日期，並在日曆中設定正確的日期及時間，完成後於頁面任一空白處按一下滑鼠左鍵即可。

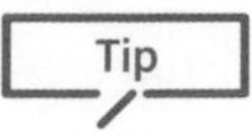

9 查看工作區的更新及到訪記錄

Do it !

隨時掌握工作區的通知或更新記錄，團隊協作才能清楚了解每個項目的修訂，也可以追蹤成員們的到訪狀態。

✦ 查看所有通知

當團隊成員在工作區中有任何更新，其他人都可在側邊欄 **All Updates** 收到通知，選按就可以開啟視窗查看，選按通知項目即可開啟該頁面。可參考以下詳細說明：

- **Inbox**：所有提及你 (@) 或是你所發出的註解收到回覆時，都會在這標籤收到通知，另外收到邀請的通知也一併歸類在此。
- **Following**：如果有 Follow 某些特定頁面，當這些頁面有做任何的變更，都會在這標籤收到通知。
- **All**：整個工作區裡所有頁面的變更、註解、設定或分享...等相關操作，都會在這標籤收到通知。(個人 **PRIVATE** 的操作記錄也會歸類在此)
- **Archived**：當 **Inbox** 標籤中有不再需要注意的通知時，將滑鼠指標移至該通知右側，選按 ☒，即可將該通知移至此標籤。

✦ 查看、追蹤頁面編輯記錄

頁面右上角選按 🕘，可以看到該頁面從建立至今的所有編輯記錄 (編輯記錄同時會顯示在上頁說明的 **All Updasts** 通知中)；如果想追蹤記錄 ，於編輯記錄清單上方選按 **Follow** 呈 **Following** 即可。(若要取消則選按 **unfollow**)

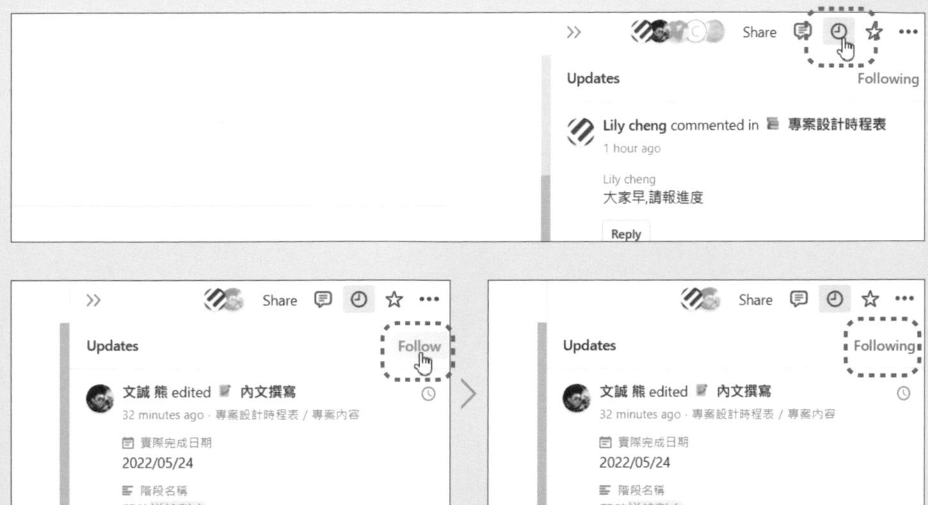

✦ 查看成員瀏覽記錄

團隊協作就是集合大家的力量共同完成一項作業，如果想知道成員的參與度，可透過以下方式了解。將滑鼠指標移至頁面右上角成員頭像上，即會顯示該成員最後一次查看頁面的時間，以此方式可以讓管理員掌握成員們的動態。(成員頭像如果呈淡化狀，表示該成員目前並未上線，反之則表示目前開啟此頁面。)

10 鎖定頁面或資料庫

團隊協作時最怕有成員將已編輯完成的頁面或資料庫內容隨意變更而影響進度，建議可在完成後先鎖定頁面或資料庫以策安全。

✦ 鎖定頁面

對於非資料庫的內容，如一般文字檔、筆記...等，可使用以下操作方式鎖定：

step 01 開啟欲鎖定的頁面，頁面右上角選按 ⋯ > **Lock page** 即可鎖定。

step 02 鎖定的頁面上方會顯示 🔒 **Locked**，之後所有成員 (包括你)，想再重新編輯此頁面，只要於頁面上方選按 🔒 **Locked** 呈 🔓 **Re-lock** 可暫時關閉鎖定功能，要回復鎖定功能則再選按 🔓 **Re-lock** 即可。

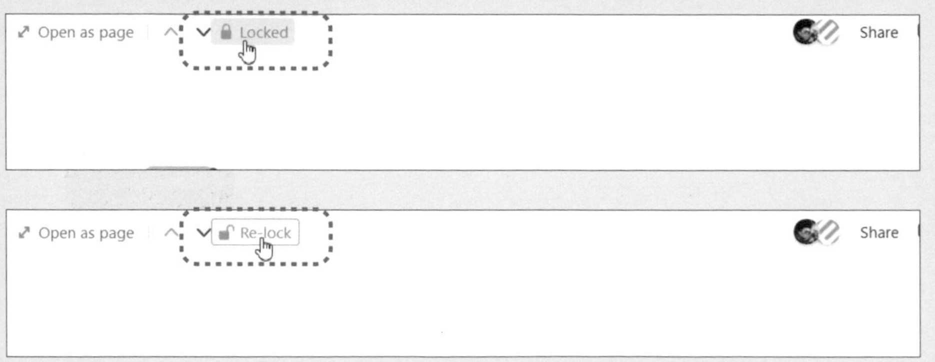

✦ 鎖定資料庫

資料庫可使用以下操作方式鎖定：

step 01 開啟欲鎖定的資料庫，資料庫右側選按 ⋯ > **Lock database** 即可鎖定，頁面上方或資料庫右側會顯示 🔒 **Locked** 表示鎖定中。

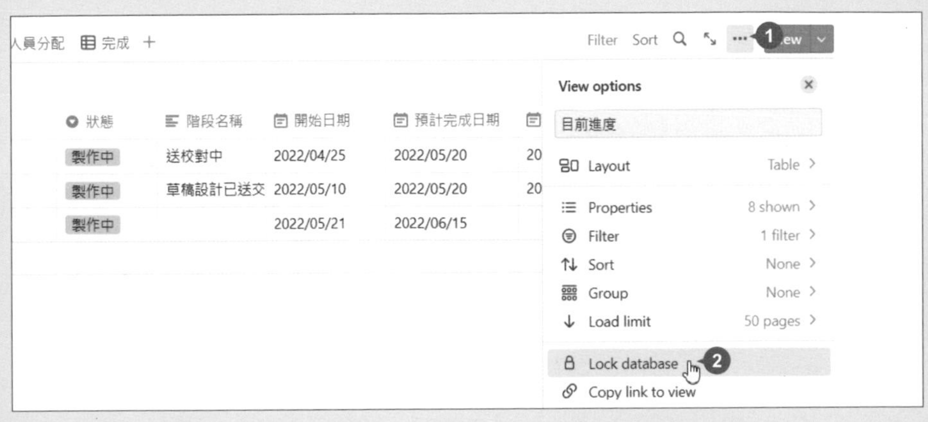

step 02 資料庫鎖定後，所有成員 (包括你)，還是能新增、刪除或編輯資料庫資料，但相關資料庫名稱、屬性名稱、屬性類型、view、選項清單...等則無法編輯。

小提示

誰可以關閉鎖定頁面或資料庫？

不管是一般頁面或資料庫的鎖定，只要擁有完全或編輯權限 (**Full access**) 的成員都可以關閉鎖定。**Lock page**、**Lock database** 的主要目的只是多一層保護，讓成員在協作時更加謹慎。

Tip

11 限定成員只能看到自己的專案事項

Do it !

團隊工作可以藉由篩選條件讓每一位成員都專注在自己負責的專案項目，以提升團隊協作效率，也可以降低錯改別人頁面的機率。

協作資料庫中可建立一個資料屬性 (欄位) 並指定類型為 **Person**，這樣一來可填入團隊成員名稱，請依下列操作方式完成限定篩選：

step 01 資料庫右上角選按 **Filter** > **Add filter** 清單中選按篩選項目 (可以選按 **more** 展開更多篩選項目；範例中選按 "參與人員")，開啟篩選設定。(若為第一個 **Filter**，則將於 **Filter** 清單中指定篩選條件)

step 02 指定篩選條件為：**參與人員**：**contains** (包含)、**Me** (指自己，是一個動態值，會依目前登入的帳號而改變)，完成後選按 **Save for everyone** 儲存目前設定，最後再選按 **Filter** 將篩選項目收起來，之後成員登入就只能看見屬於自己負責的專案項目。

除了 **Contains** 項目，還可以選擇 **Does not contain** (不包含)、**Is empty** (空白；未指定成員)、**Is not empty** (非空白；已指定成員)。

PART 09

旅遊行程規劃

行動裝置應用

單元重點

Notion 行動版讓你成為時間管理大師，輕鬆記錄捕捉到的內容，有效率的執行應辦事情，讓你有明確的目標來規劃所有排程。

- ☑ 安裝 Notion App 並登入帳號
- ☑ 認識 Notion App 介面
- ☑ 新增頁面或使用範本
- ☑ 為頁面加上封面與圖示
- ☑ 頁面基礎編輯
- ☑ 移動區塊
- ☑ 變更頁面字型
- ☑ 分享頁面與權限設定
- ☑ 將頁面加到我的最愛
- ☑ 將喜歡的頁面取回使用
- ☑ 管理工作區
- ☑ 搜尋筆記內容
- ☑ 建立 Notion 頁面捷徑

旅遊行程規劃

旅遊行程規劃

Add comment

Day 1 基隆 > 星夢郵輪世界夢號

今日自行前往基隆碼頭，辦妥登輪手續後，登上 15 萬噸豪華郵輪─世界夢號。

宿：世界夢號自選艙房

早：敬請自理

午：敬請自理　晚：世界夢號自選餐廳

Notion 學習地圖 \ 各章學習資源

作品：Part 09 旅遊行程規劃 - 行動裝置應用 \ 單元學習檔案

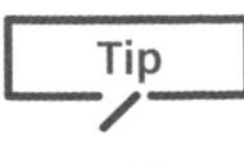

1 安裝 Notion App 並登入帳號

Notion 在 Android 與 iOS 系統都有提供 App 的下載與安裝，讓跨平台作業無障礙。

於手機或行動裝置搜尋並安裝 Notion App，完成後於桌面執行並登入 Notion 帳號即可使用。

Play 商店 (Android)

App Store (iOS)

可使用手機或行動裝置直接掃描以下 QR Code 進入安裝頁面：

Android

iOS

登入方式可參考 P1-10 操作說明。

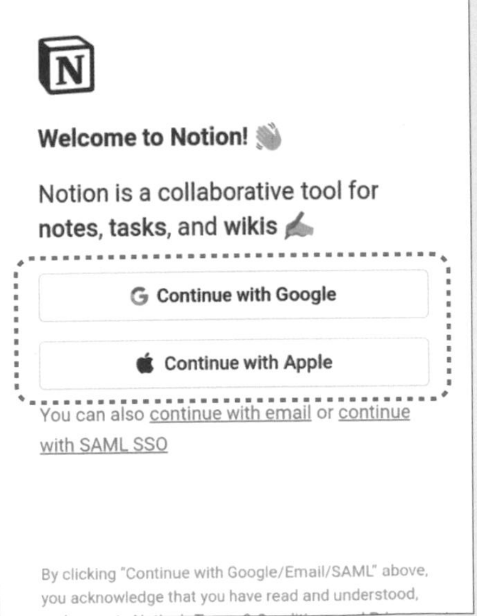

2 認識 Notion App 介面

Do it！

透過下圖說明行動版 Notion 頁面各項功能位置，讓你在操作過程中能夠更加得心應手。

開啟 App 登入後，先點選 **Next** 略過基本介紹，再點選 **Get started** 進入 Notion。點選 ☰ 會出現如右下圖的側邊欄，有切換帳號、頁面...等功能。由於行動裝置 Android / iOS 系統介面相似，本章僅以 Android 系統畫面說明，iOS 系統若有不同會以括號加註。

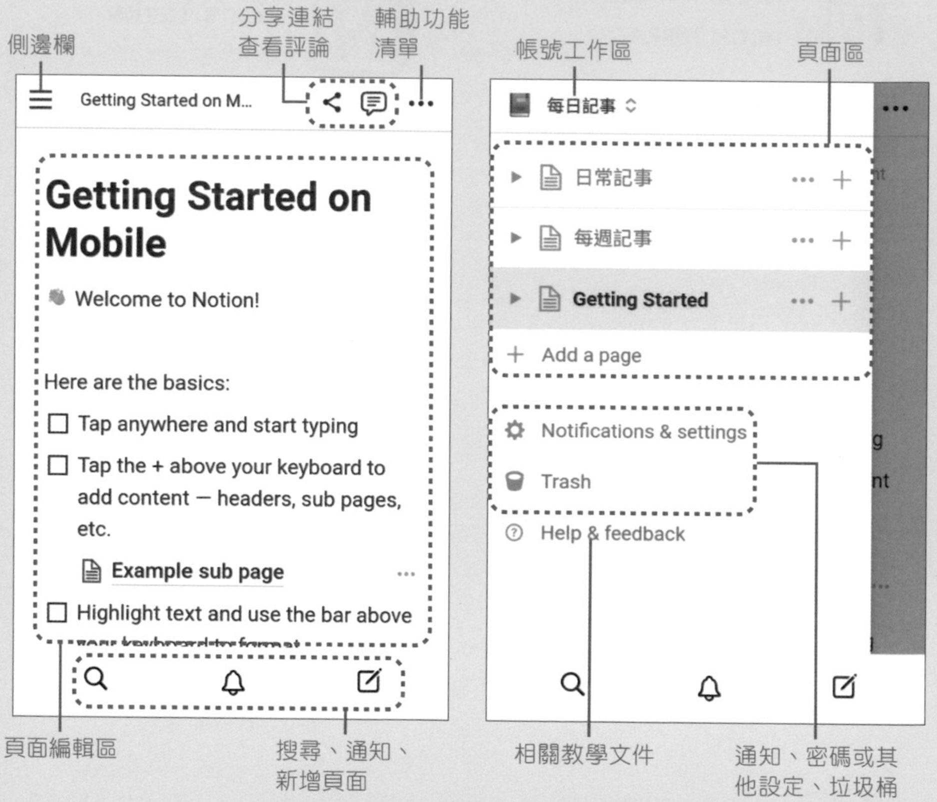

側邊欄
分享連結
查看評論
輔助功能
清單
帳號工作區
頁面區
Getting Started on M...
Getting Started on Mobile
Welcome to Notion!
Here are the basics:
Tap anywhere and start typing
Tap the + above your keyboard to add content — headers, sub pages, etc.
Example sub page
Highlight text and use the bar above
每日記事
日常記事
每週記事
Getting Started
Add a page
Notifications & settings
Trash
Help & feedback
頁面編輯區
搜尋、通知、新增頁面
相關教學文件
通知、密碼或其他設定、垃圾桶

頁面右上角點選 ⋯，清單中提供調整頁面字體大小、版面寬度、自訂頁面或是鎖定頁面...等功能 (與網頁版操作大同小異)；行動版沒有太多的進階設定，只能使用網頁版 Notion 來設定。

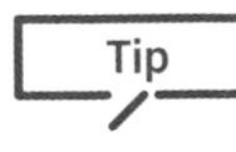

3 頁面建立的方式

Do it !

行動版 Notion 簡單好操作，可快速新增頁面或範本，達到快速建立與使用目的。

✦ 新增頁面

頁面右下角點選 ☑ (或 ⊞) 新增空白頁面，點選 **Untitled** 輸入文字後，即成為該頁面名稱。

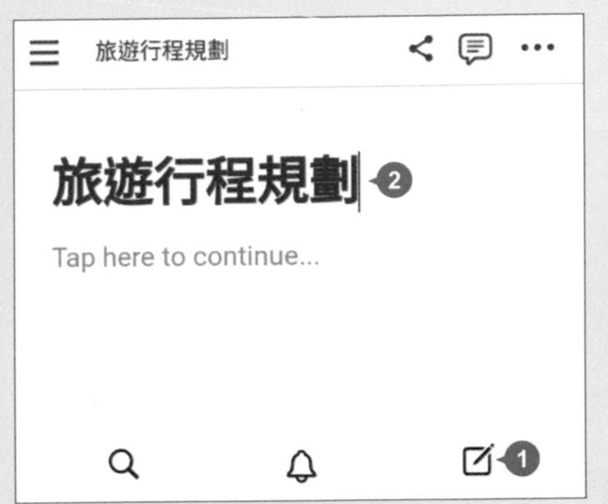

✦ 使用範本

頁面右下角點選 ☑ (或 ⊞)，於中間點選 **Choose a template** 開啟範本清單，點選開啟欲使用的範本後，於頁面右上角點選 **Use**，或左上角點選 **Cancel** 重新點選其他範本，再根據使用需求修改範本內容即可。

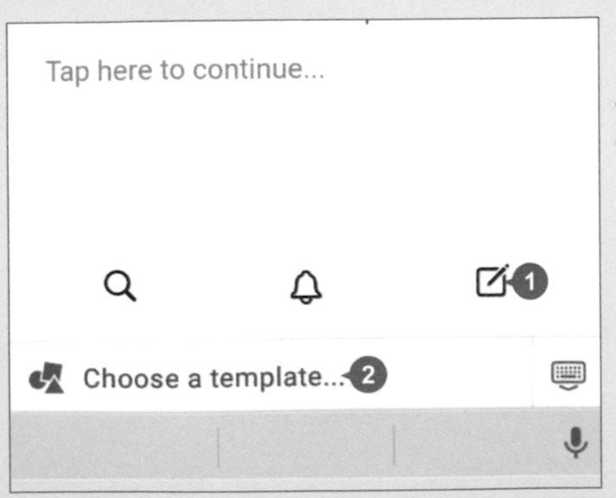

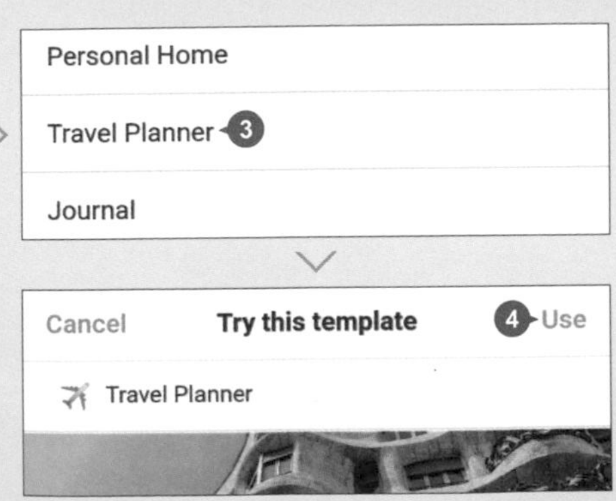

4 為頁面加上封面與圖示

Do it !

封面圖片與圖示設定方式與網頁版大同小異，除了可以套用預設的圖片與圖示外，也可以上傳行動裝置拍攝的圖片。

step 01 頁面名稱上方點選 **Add cover** (若沒有看到可將螢幕往下滑)，會產生隨機圖片，如果不合適可以點選 **Change cover**。

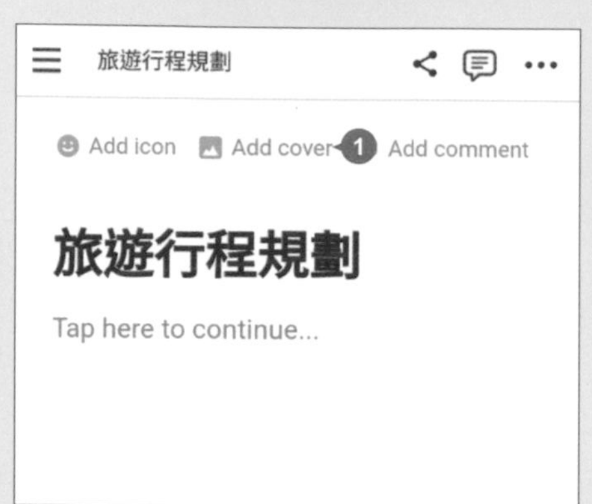

step 02 可以點選 **Gallery** 圖片，也可以點選 **Upload** 上傳行動裝置圖片，或於 **Unsplash** 搜尋合適圖片。

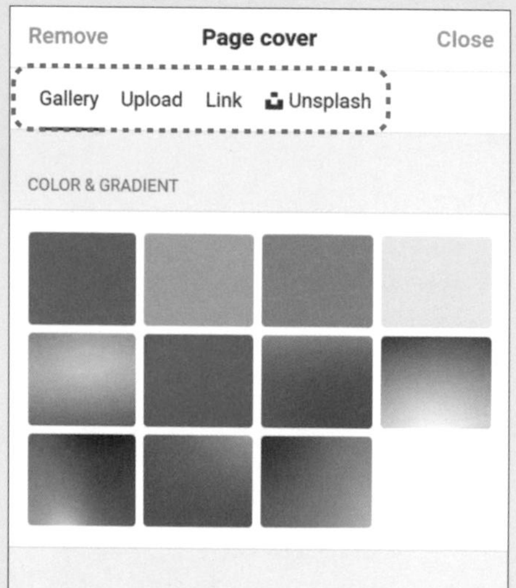

step 03 頁面名稱上方點選 **Add icon**，會產生隨機圖示，如果不合適可以點選圖示變更。

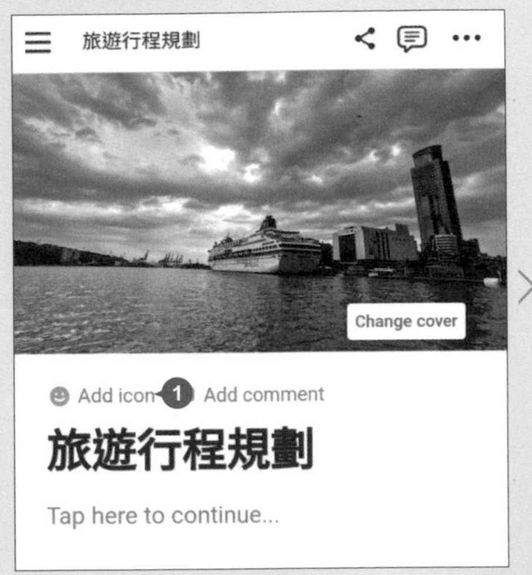

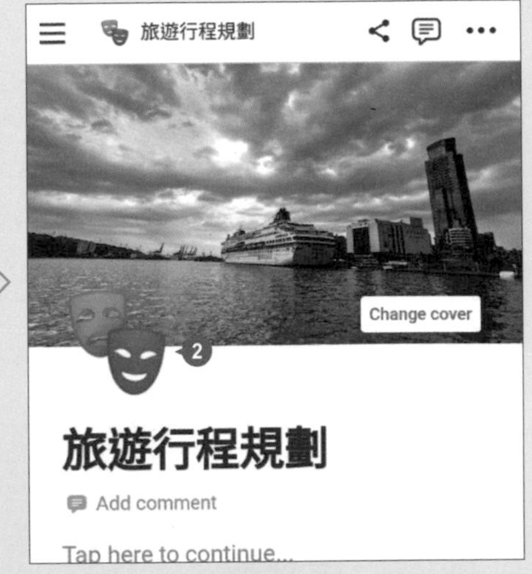

step 04 於 **Emoji** 清單點選合適圖示即可變更，或在 **Filter** 欄位輸入關鍵字搜尋並點選欲使用圖示。(還可以點選 **Upload an image** > **Choose an image** 上傳行動裝置中的圖片)

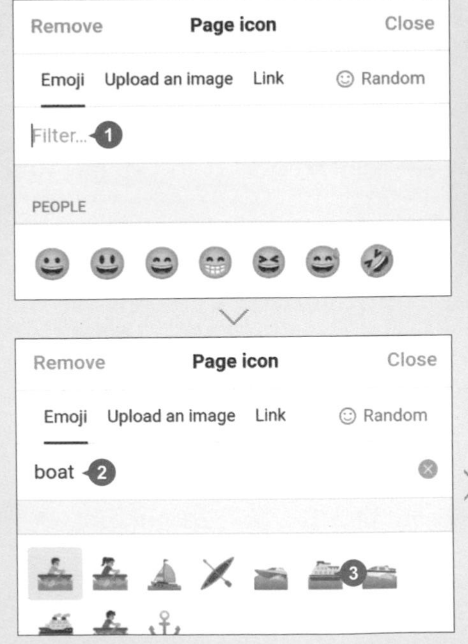

提升篇 09 行動裝置應用

5 頁面基礎編輯

Do it !

從建立空白頁面開始，透過 Action Bar (功能列) 完成輸入文字、插入圖片，或套用文字樣式...等操作，成功建立一份 Notion 筆記文件。

✦ 套用區塊樣式

step 01 在頁面點一下出現輸入線，於功能列點選 ＋，清單中點選欲使用的樣式。(此範例點選 **Text** 樣式)

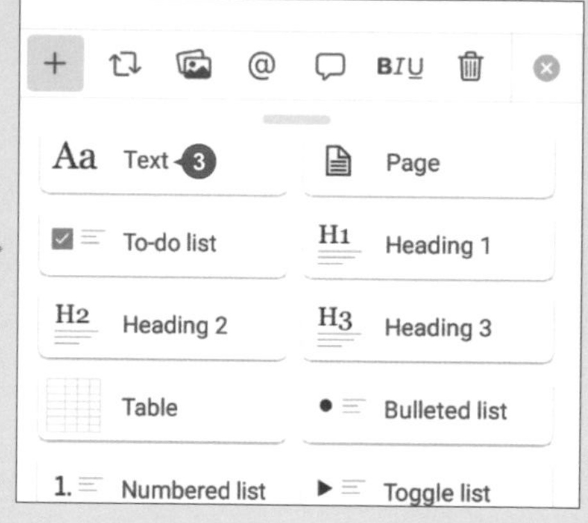

step 02 接著輸入文字，過程中可點選虛擬鍵盤的換行鍵。

✦ 轉換區塊樣式

在要轉換樣式的區塊中點一下，於功能列點選 ，清單中點選欲使用的區塊樣式。(此範例點選 **Heading 1** 樣式)

即可將區塊轉換成 **Heading 1** 標題樣式。

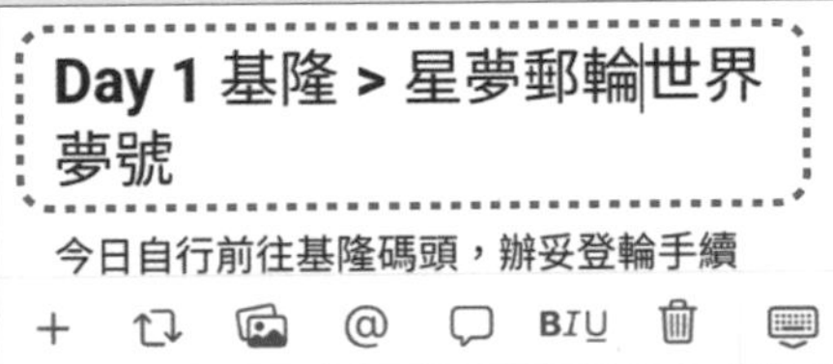

✦ 插入圖片

step 01 點一下虛擬鍵盤上的換行鍵，於功能列點選 > **檔案** (或 **Photo Library**)。

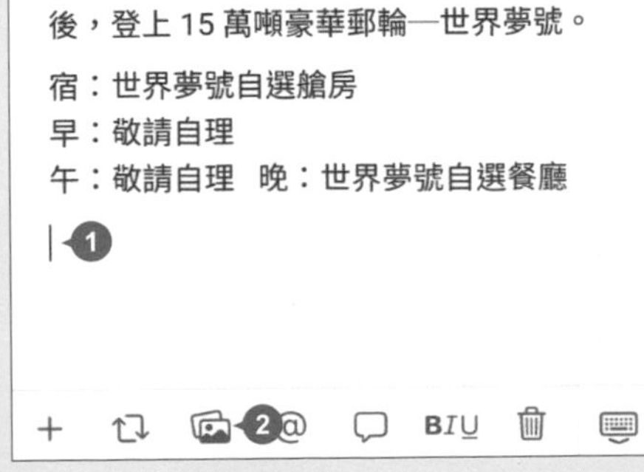

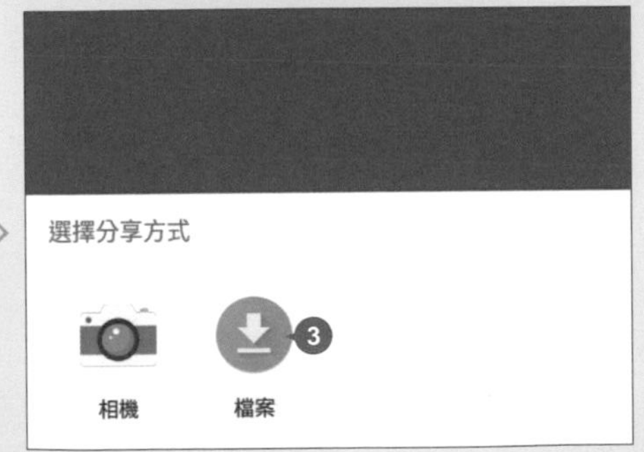

提升篇　09 行動裝置應用

step 02 點選相簿中欲使用的圖片 (iOS 系統可一次點選多張後，再點選右上角**加入**。)，即可將該圖片插入。

✦ 套用文字樣式

step 01 選取欲套用文字樣式的文字，於功能列點選 BIU > A (或 A)，清單中再點選欲套用的文字色彩或背景色。

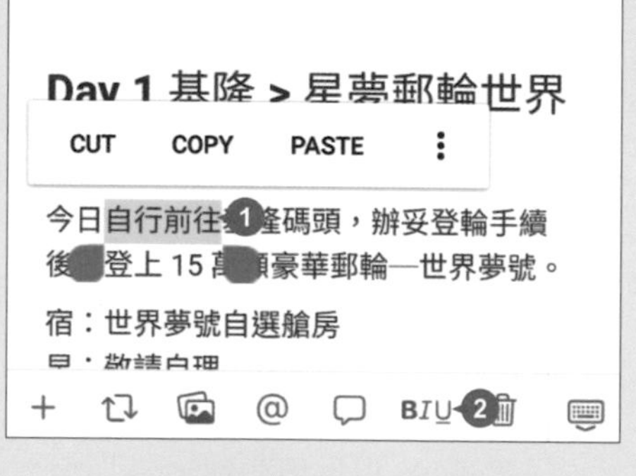

step 02 最後點選 ⊗ 即可關閉清單，點選 « 可回到上一層功能列。(可依需求點選 B **粗體**、*I* **斜體**、U **加底線**..等樣式)

✦ 刪除區塊、復原操作

在要刪除的區塊中點一下，於功能列點選 🗑，即可刪除該區塊。

Day 1 基隆 > 星夢郵輪世界夢號

今日自行前往基隆碼頭，辦妥登輪手續後，登上 15 萬噸豪華郵輪—世界夢號。

宿：世界夢號自選艙房

早：敬請自理 ❶

午：敬請自理　晚：世界夢號自選餐廳

❷

如果想取消上一個操作，將功能列向左滑動，再點選 ↶。

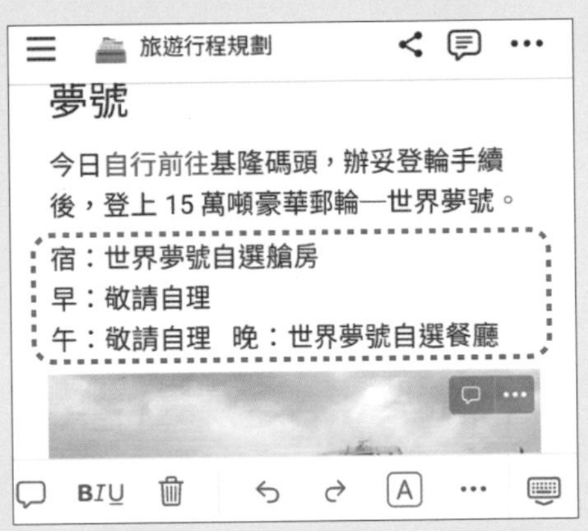

小提示

取得更多功能

如果想使用 **Duplicate**、**Move to**...等功能，可將功能列向左滑動，點選 ⋯ 即可取得更多項目。

宿：世界夢號自選艙房

早：敬請自理

午：敬請自理　晚：世界夢號自選餐廳

❶ ❷

Tip

6 移動區塊

Do it !

移動區塊時，行動裝置與電腦版的操作略有不同，以下將說明二種區塊移動的方式。

利用功能列：在要移動的區塊中點一下，將功能列向左滑動，再點選 ↓，即可將該區塊向下移動。(點選 ↑ 則會向上移動)

手指拖曳：先點選鍵盤圖示隱藏虛擬鍵盤，在要移動的區塊上使用手指點住不放呈區塊浮起狀 (如左下圖)，再拖曳至欲擺放的位置，放開手指即可。

今日自行前往基隆碼頭，辦妥登輪手續後，登上 15 萬噸豪華郵輪─世界夢號。

7 變更頁面字型

Do it！

變更頁面字型的方式，行動裝置與電腦版無異，只是無法對文字設定大小。

step 01 頁面右上角點選 ⋯，**STYLE** 有三種字型可以依需求選擇，此範例點選 **Serif** 樣式，再點選 **Done** 完成。

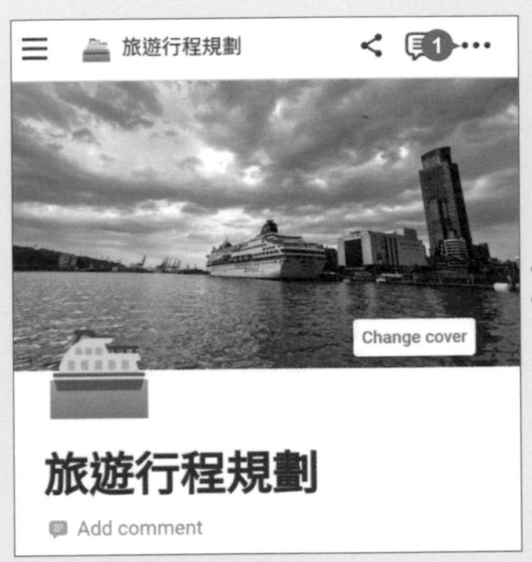

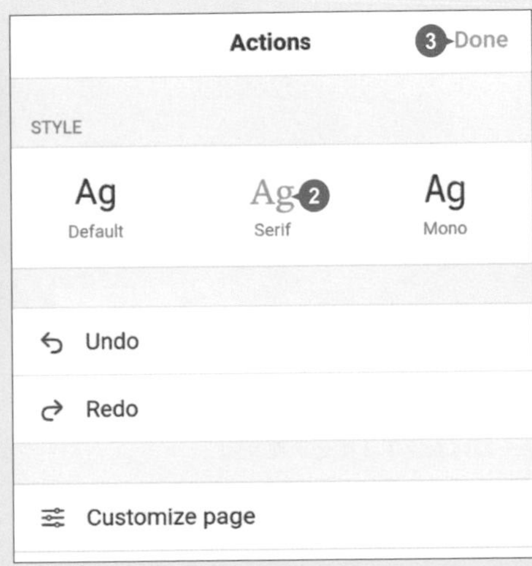

step 02 回到頁面中，即可看到設定的字型樣式。(目前字型樣式只會影響英文字型)

8 分享頁面與權限設定

分享頁面的方式，除了可以傳送連結，還可以指定帳號，再依需求設定不同的編輯或檢視權限。

✦ 分享頁面連結

step 01 頁面右上角點選 (或)，再點選 **Share to web** 右側 呈 ，於下方設定開啟權限。(相關權限可參考 P2-19 說明)

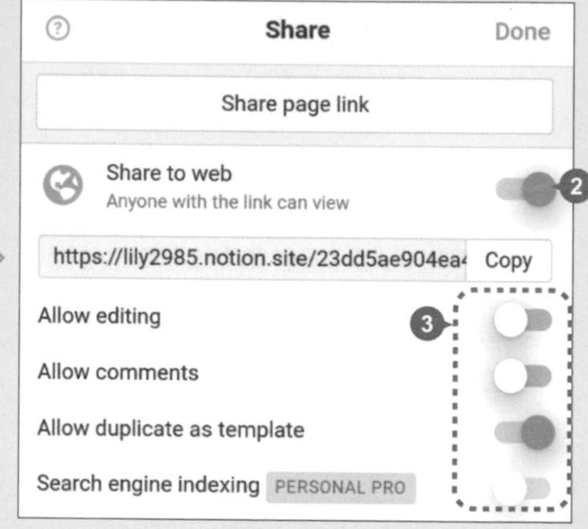

step 02 點選網址右側 **Copy** 複製，即可將網址傳送給要分享的對象。

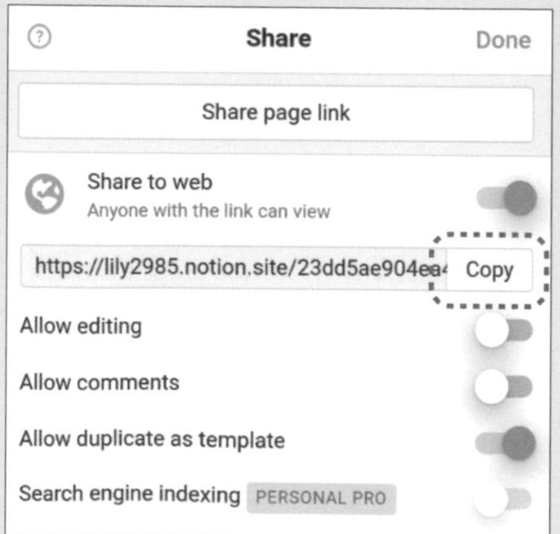

✦ 分享頁面給指定帳號

step 01 頁面右上角點選 [share] (或 [share])，再點選如圖欄位。

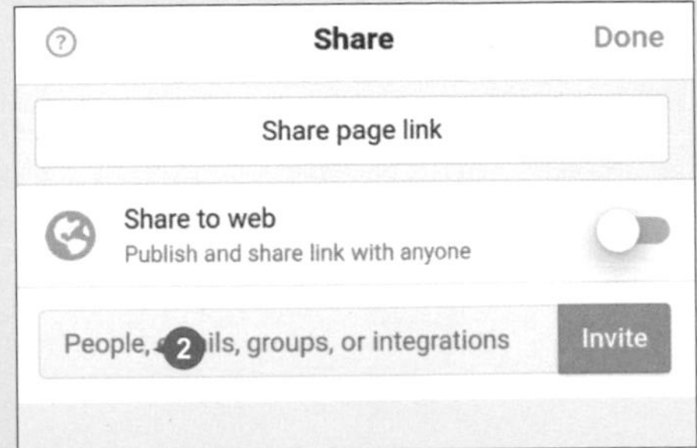

step 02 輸入帳號 email，於下方點選該帳號，再點 **PERMISSION LEVEL** 項目 (預設為 **Can edit**)。(相關權限可參考 P2-20 說明)

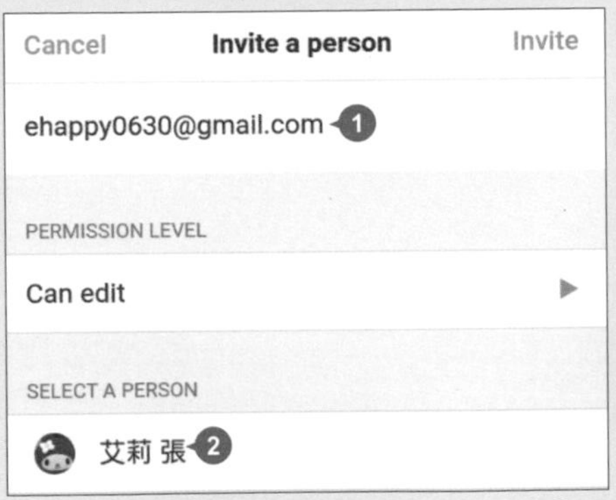

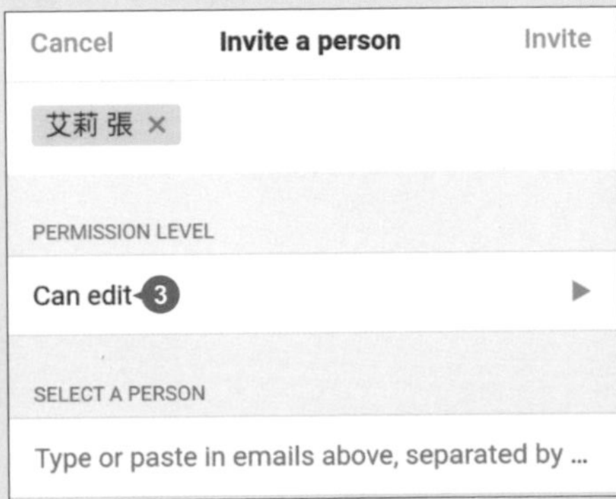

step 03 權限設定後，頁面右上角點選 **Done** 和 **Invite**，該帳號即可進入此頁面編輯或檢視 (最後點選 **Done** 離開)。

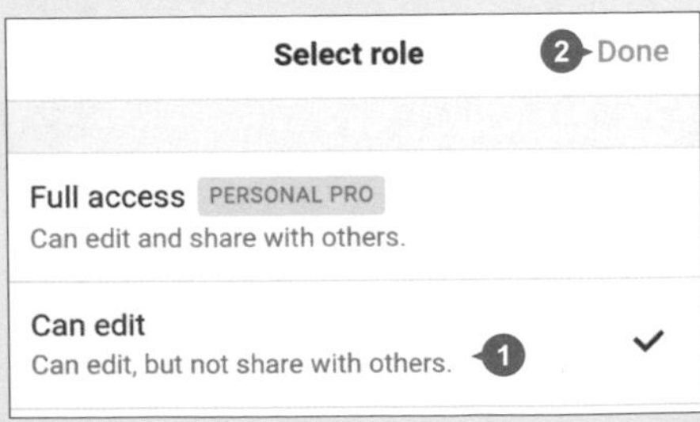

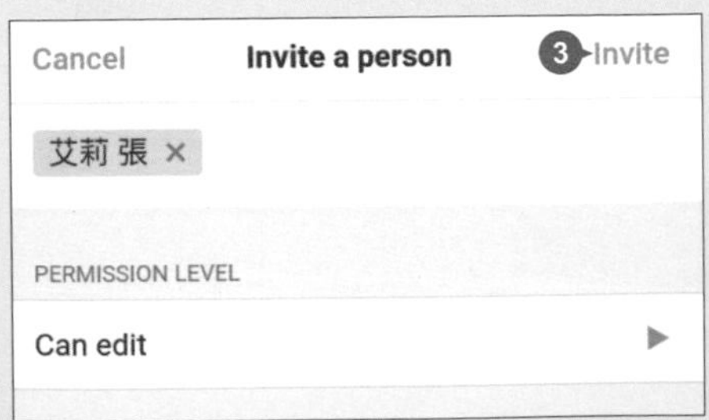

9 將頁面加到 "我的最愛"

Do it !

FAVORITES (我的最愛) 清單中，可以快速查找頁面或編輯，能隨時掌握頁面的更新狀態，提高工作效率。

step 01 頁面右上角點選 ··· > **Add to Favorites**，可將此頁面加至 "我的最愛"。

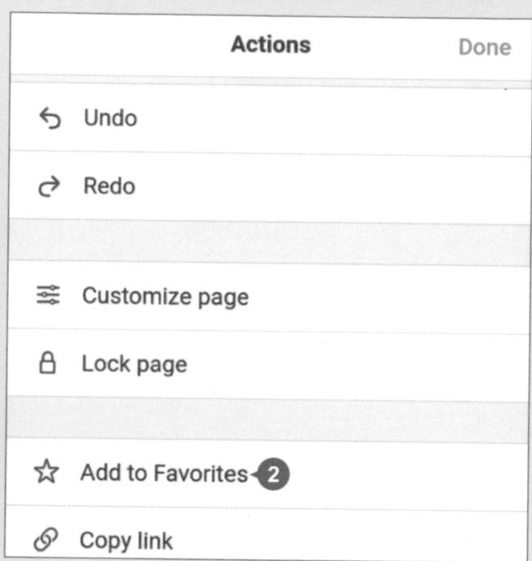

step 02 頁面左上角點選 ☰ 開啟側邊欄，可以看到剛剛加入的頁面顯示在 **FAVORITES** 下方。(點選 ··· > **Remove from Favorites** 可以取消)

10 救回誤刪的頁面

Do it !

意外總是來得快，萬一不小心把不該刪除的頁面刪掉了，這時可以在 Trash 中將檔案救回來。

step 01 頁面左上角點選 ☰ 開啟側邊欄，滑到下方點選 **Trash**。

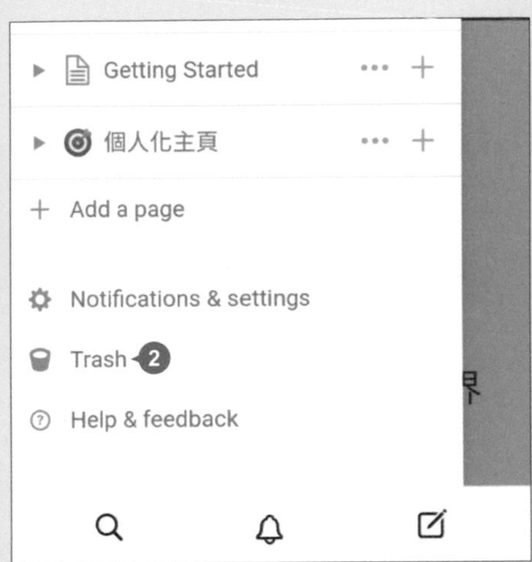

step 02 頁面中欲救回的頁面名稱右側點選 ↶，即可將該頁面直接救回頁面工作區。

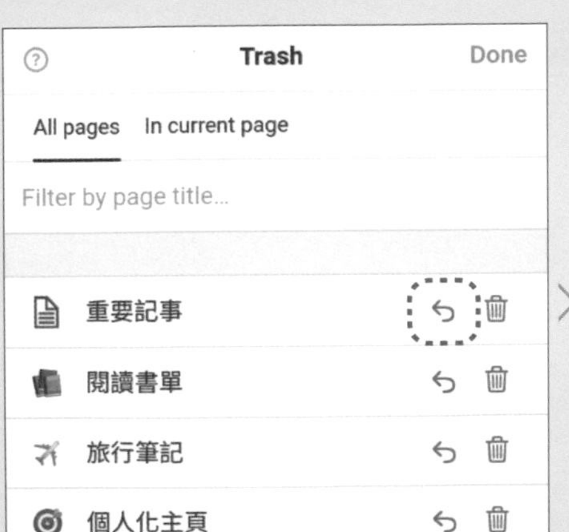

Tip

11 將喜歡的頁面取回使用

Do it !

他人分享或自己喜歡的頁面，無法開啟直接使用，必須透過 **Duplicate page** 的方式，才可以將喜歡的頁面複製到自己的工作區編輯。

step 01 利用瀏覽器 (建議使用 Chrome 或 Safari) 開啟欲取用的頁面，頁面右上角點選 ⋯ > **Duplicate page**。

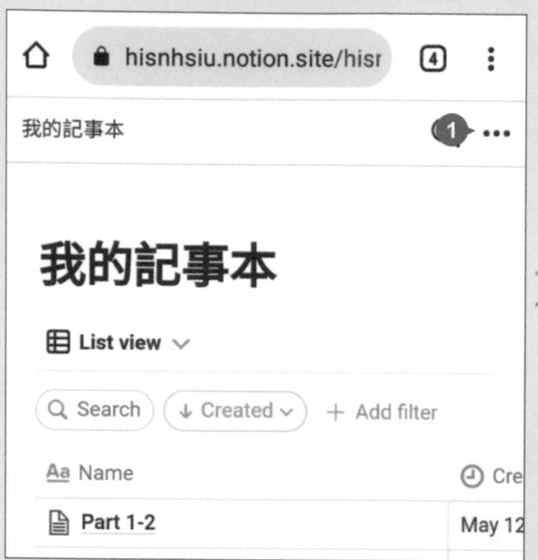

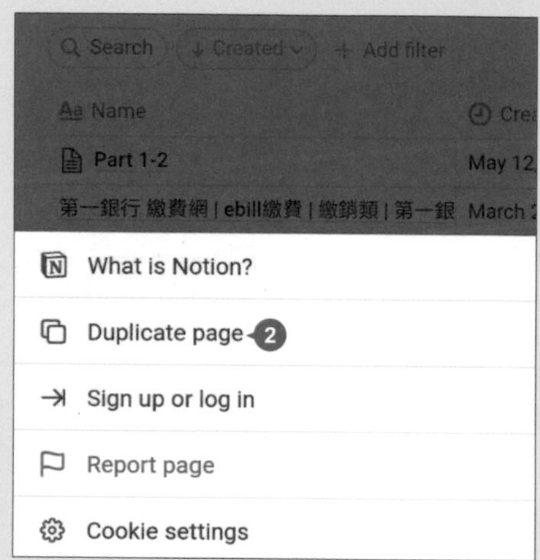

step 02 開啟 Notion App (過程中如需登入，請依步驟完成)，接著在 **Choose a workspace** 畫面點選欲使用的工作區名稱，頁面左上角點選 ☰ 開啟側邊欄，即可看到已複製完成的頁面名稱。

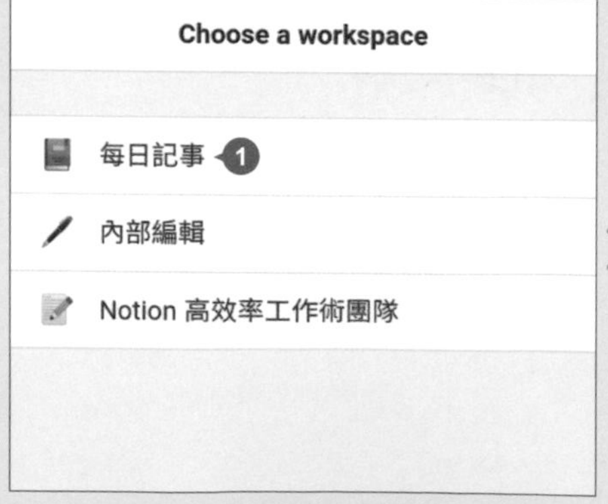

每日記事
我的記事本
2
旅遊行程規劃
日常記事
每週記事
Getting Started

Tip

12 管理工作區

Do it !

Notion 工作區的切換與建立，除了可以透過網頁版操作，還可以搭配行動裝置，隨時隨地有效率的管理。

✦ 切換工作區

頁面左上角點選 ☰ > **(工作區名稱)**，於 **Accounts & Workspaces** 畫面點選欲切換的工作區名稱。

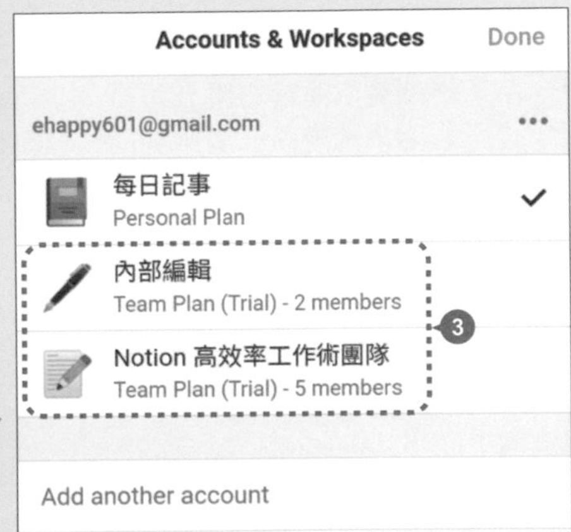

✦ 建立工作區

點選 ☰ > (工作區名稱)，於 **Accounts & Workspaces** 畫面點選帳號右側 ⋯，再於下方點選 **Join or create workspace** 即可建立工作區。

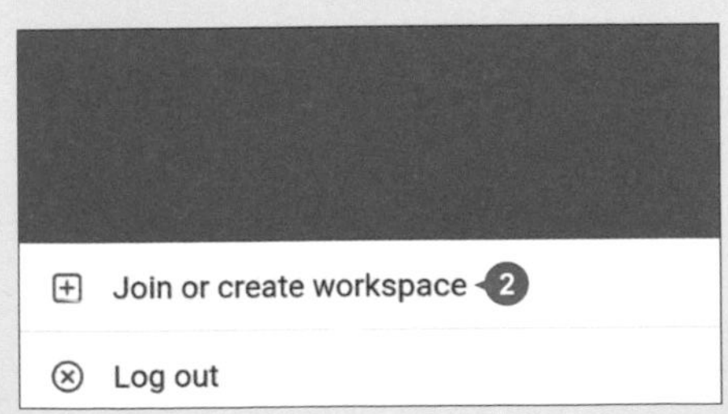

Notion 高效管理 250 招：筆記×資料庫×團隊協作，數位生活與工作最佳幫手

作　　者：文淵閣工作室 編著　鄧文淵 總監製
企劃編輯：王建賀
文字編輯：江雅鈴
設計裝幀：張寶莉
發 行 人：廖文良

發 行 所：碁峰資訊股份有限公司
地　　址：台北市南港區三重路 66 號 7 樓之 6
電　　話：(02)2788-2408
傳　　真：(02)8192-4433
網　　站：www.gotop.com.tw
書　　號：ACV045400
版　　次：2022 年 08 月初版
　　　　　2023 年 08 月初版五刷
建議售價：NT$380

國家圖書館出版品預行編目資料

Notion 高效管理 250 招：筆記×資料庫×團隊協作，數位生活與工作最佳幫手 / 文淵閣工作室編著. -- 初版. -- 臺北市：碁峰資訊, 2022.08
面；　公分
ISBN 978-626-324-240-1(平裝)
1.CST：套裝軟體
312.49　　111010517

讀者服務

- 感謝您購買碁峰圖書，如果您對本書的內容或表達上有不清楚的地方或其他建議，請至碁峰網站:「聯絡我們」\「圖書問題」留下您所購買之書籍及問題。(請註明購買書籍之書號及書名，以及問題頁數，以便能儘快為您處理)
http://www.gotop.com.tw
- 售後服務僅限書籍本身內容，若是軟、硬體問題，請您直接與軟體廠商聯絡。
- 若於購買書籍後發現有破損、缺頁、裝訂錯誤之問題，請直接將書寄回更換，並註明您的姓名、連絡電話及地址，將有專人與您連絡補寄商品。

Markdown 語法快速鍵列表

Markdown 語法快速鍵可以快速套用文字及區塊樣式。

✦ 文字樣式

輸入內容時，左右以語法符號包夾內容，即可設定文字樣式。

快速鍵	語法	用途
Shift + *8	**文字**	文字加粗
Shift + *8	*文字*	文字斜體
~` (!1 左側按鍵)	`文字`	程式語言格式
Shift + ~`	~文字~	刪除線

✦ 區塊樣式

區塊開始處依語法輸入符號，再按一下 Space 鍵，即可套用樣式。

快速鍵	語法	用途
Shift + *8	*	項目符號 (Bulleted list)
{[、]}	[ ]	核選清單 (To-do list)
!1 、 >.	1.	編號 (Numbered list)
Shift + #3	#	標題一 (Heading 1)
Shift + #3	##	標題二 (Heading 2)
Shift + #3	###	標題三 (Heading 3)
Shift + >.	>	折疊列表 (Toggle list)
Shift + "'	"	引言 (Quote)

快速鍵列表

熟悉 Notion 快速鍵可以讓你編輯更順手，以下快速鍵列表依幾種不同使用情境整理列項，其中會有幾組組合鍵：

- cmd/Ctrl 鍵：代表 Mac 鍵盤 command⌘ 鍵及 Windows 鍵盤 Ctrl 鍵。
- option/Alt 鍵：代表 Mac 鍵盤 option 鍵及 Windows 鍵盤 Alt 鍵。
- option/Shift 鍵：代表 Mac 鍵盤 option 鍵及 Windows 鍵盤 Shift 鍵。

✦ 最常使用

快速鍵	用途
cmd/Ctrl + N	開啟新頁面（限 Notion 電腦版使用）
cmd/Ctrl + Shift + N	開啟新 Notion 視窗（限 Notion 電腦版使用）
cmd/Ctrl + {[	回到上一頁
cmd/Ctrl +]}	回到下一頁
cmd/Ctrl + Shift + L	切換背景顏色為白色或黑色（深色模式）
Mac：Ctrl + command⌘ + Space Windows：⊞ + >.	開啟表情符號清單 (包含 emoji、顏文字、符號)

✦ 文字專屬格式套用

選取文字後，搭配下方多組快速鍵，可以快速變更文字樣式。

快速鍵	用途
選取文字後，選按 cmd/Ctrl + Shift + M	加註解
選取文字後，選按 cmd/Ctrl + U	文字底線
選取文字後，選按 cmd/Ctrl + B	文字粗體
選取文字後，選按 cmd/Ctrl + I	文字斜體